読める描ける
電子回路入門

千葉憲昭 著

初心者にも
再学習者にも
最適！

基礎から
電子回路の
設計が学べる

技術評論社

はじめに

電子回路の技術者不足が叫ばれています。特に、設計できる人材が足りないようです。専門の教員でさえも「論文は書けるが設計は不得意」な先生がいて、学生にも同じ傾向があります。大学教員にとっては論文を書くのが仕事であり、設計ができても評価の対象にはならないからです。その結果、「電子回路設計」のカリキュラムは育たず、自習で補っているのが実態です。

一度教育を受けた人が、次世代デバイスの出現に対応できなくなったケースもあります。たとえば、以前、真空管の教育を受けてきた教員がトランジスタを教えられない場面が生じ、問題になりました。そのときの学生たちは、当然の結果として、トランジスタについて理解できないまま卒業。そして、一部は教員になりましたが、同じことの繰り返しでした。いわゆる「落ちこぼれ」の連鎖で、これが尾を引いているようです。

他方で、知識を補うべく自習する際、「よくわかる」と銘打っている入門書が山ほどあります。しかし、やさしそうなタイトルの本でも落ちこぼれ解消効果はなく、結果として事態は改善されませんでした。その原因は、実はやさしいかどうかということよりも、次に述べるような構造的な問題にあったからです。

設計の仕事をするメーカーでは、採用した社員の技術力の不足を社内研修で補っています。その際のレベルですが、教科書に書かれていない初歩的な了解事項から解き始め、最終的には設計に役立つノウハウを加えて、レベルを引き上げます。つまり、現場にとっては、「よくわかる」とか、「やさしい」を目標にレベルを下げた従来の「普及版」では情報不足で、むしろ基礎的な定義の徹底やノウハウを多数加えた「実戦版」教材が必要だったのです。

この過程で、たまたま筆者が公開していた教材ページ「きまぐれ電子塾」を、日立京浜工業専門学院（当時、日立製作所の社員研修所）の山本眞吾先生にご利用いただきました。先生には、筆者が教材を追加するたびに重なる引用のお申し出をいただき、メーカーが必要とする「視点」を意識するに至ったわけです。

今回の企画は、他社の編集長さんをも巻き込んで議論を広げ、「回路が読めたら、描けたら」という読者の願いを満たす、という切り口がポイントになりました。そこで、実際に使われた教材をベースに大幅な増補改訂を加

え、「実戦版」の書籍化を目指したわけです。確かにいきなり設計は無理でしょうが、回路が「読める」ところから始め、少しずつ「描ける」ように展開してはどうかと考えました。市版本のページ数でやれることには限界がありますが、とにかく第一歩は刻んでおきたいと考えたわけです。

　具体的には、「学術文献」を脱し、筆者の「独断と偏見」も盛り込んで、イメージ優先の展開としました。たとえば「PN接合」を説くのに、「フェルミ準位」という語を外しました。量子力学そのものが、「電子回路」分野では「基礎」というよりむしろ「障壁」となって、先に進めない原因の1つになっていたからです。

　外したのとは反対に、回路の動作を左右する「バイアス」の解析などには新しい視点を加えました。たとえば電流帰還バイアスの動作でブリーダー抵抗との関わりを徹底解明したのを始め、バリスタ・ダイオードのはたらきを「カレント・ミラー」と解釈し、バイアス計算の根拠を明確に示したことなどです。

　加えて、限られたページ数を活かすために、一貫したストーリーを作りました。第1～3章にわたって基礎を固め、中心的な第4章ではSEPP-OTLメイン・アンプをモデルとして段階的に追い、各増幅段のつながりを理解できるように進めました。第5章のOPアンプも、その延長として位置づけています。

　もともと電気は直接目に見えないのに、回路の集積化でそれまで目視できた部品までがチップの中に隠れてしまい、増々見えにくくなりました。このような時代にこそ流れをさかのぼって見る必要が出てきますが、幸い筆者は真空管時代から電子回路と親しんできました。拙稿はそのとき学んだ「偏見」ではありますが、読者の皆さんには回路の読み描きの際に活用していただければ幸いです。

　「設計」とは、「根拠をもって部品配置や定数を決めること」だと思います。上記設計指向の議論は、技術評論社の皆さんのご理解を得て現実化できました。末筆になりましたが、ご議論をいただいた方々に感謝申し上げ、編集部谷戸伸好さんをはじめ、営業部を含めたご賛同、ご協力を励みとして筆を進めることができましたことをお礼申し上げる次第です。

2017年7月　著者　千葉憲昭

目　　次

はじめに　　3

第1章　電子回路の基礎の基礎

1-1　JIS電気用図記号の新旧対比 ………………………………… 10

1-2　線の考え方 ……………………………………………………… 11

1-3　回路図の点 ……………………………………………………… 12

1-4　直流電圧源と交流電圧源 ……………………………………… 13

1-5　電位と電圧 ……………………………………………………… 15

1-6　抵抗とオームの法則 …………………………………………… 16

1-7　キルヒホッフの法則 …………………………………………… 17

1-8　電源と負荷の電圧関係 ………………………………………… 18

1-9　抵抗値を自在に操る …………………………………………… 19

1-10　テブナンの定理は魔法の杖 ………………………………… 21

1-11　電流源電源 …………………………………………………… 23

1-12　ノートンの定理 ……………………………………………… 24

1-13　直流電力の計算 ……………………………………………… 25

1-14　交流電力と実効値 …………………………………………… 27

1-15　抵抗器のワット数・系列・誤差 …………………………… 29

1-16　抵抗器のカラー・コード …………………………………… 31

1-17　絶縁体 ………………………………………………………… 32

第2章　交流に反応する部品たち

2-1　コンデンサとは何か？ ………………………………………… 34

2-2　コンデンサの容量と耐圧 ……………………………………… 36

2-3　コンデンサと交流 ……………………………………………… 38

2-4　コンデンサの交流抵抗「リアクタンス」 …………………… 39

2-5　交流回路とインピーダンス …………………………………… 41

5

2-6	複素数表示（phasor）…………………………………………	42
2-7	低域減衰回路………………………………………………………	43
2-8	デシベル（dB）表示……………………………………………	45
2-9	高域減衰回路………………………………………………………	47
2-10	遮断周波数の誤差（1）信号源の内部抵抗…………………	49
2-11	遮断周波数の誤差（2）負荷抵抗が小さい場合……………	51
2-12	低域増強回路………………………………………………………	53
2-13	高域増強回路………………………………………………………	55
2-14	コンデンサの規格表記…………………………………………	57
2-15	［設計教室］低域減衰回路の場合……………………………	59
2-16	コイルのはたらき………………………………………………	61
2-17	コイルと交流………………………………………………………	62
2-18	コイルと抵抗の回路……………………………………………	64
2-19	直列共振回路………………………………………………………	66
2-20	ピーキング回路…………………………………………………	68
2-21	並列共振回路………………………………………………………	70
2-22	トランスの変換作用……………………………………………	72
2-23	トランスによるインピーダンス・マッチング……………	73

第3章　半導体の基礎とダイオード回路

3-1	半導体………………………………………………………………	76
3-2	PN接合ダイオード………………………………………………	78
3-3	半波整流と全波整流回路………………………………………	81
3-4	倍電圧整流回路…………………………………………………	83
3-5	［設計教室］電源整流回路の実際（上）充放電…………	85
3-6	［設計教室］電源整流回路の実際（下）全体構成………	88
3-7	AM検波回路………………………………………………………	90
3-8	ゼナー・ダイオード……………………………………………	93
3-9	可変容量ダイオード……………………………………………	95
3-10	フォト・ダイオード……………………………………………	97
3-11	発光ダイオード（LED）………………………………………	99
3-12	［設計教室］LED点灯回路（上）基礎編…………………	101

3-13 ［設計教室］LED点灯回路（下）パワー編 ………………………………… 103

第4章　トランジスタ回路

4-1 トランジスタと増幅作用 …………………………………………………… 108

4-2 電界効果トランジスタ（接合型FET） ……………………………………… 110

4-3 MOS型FET ……………………………………………………………………… 112

4-4 トランジスタの分類 ………………………………………………………… 114

4-5 機器接続環境の分類 ………………………………………………………… 115

4-6 トランジスタによる増幅の仕組み ………………………………………… 116

4-7 ［設計教室］h定数の意味 …………………………………………………… 118

4-8 トランジスタの負荷線と動作点 …………………………………………… 121

4-9 トランジスタのバイアス（上）簡易バイアス …………………………… 124

4-10 トランジスタのバイアス（中）電流帰還バイアス ……………………… 126

4-11 トランジスタのバイアス（下）IBユニットの活用 ……………………… 128

4-12 FETのバイアス ……………………………………………………………… 130

4-13 エミッタ接地 ………………………………………………………………… 133

4-14 コレクタ接地 ………………………………………………………………… 136

4-15 ベース接地 …………………………………………………………………… 138

4-16 FETの接地方式 ……………………………………………………………… 140

4-17 カスコード接続 ……………………………………………………………… 143

4-18 ダーリントン接続 …………………………………………………………… 145

4-19 インバーテッド・ダーリントン接続 ……………………………………… 147

4-20 コンプリメンタリSEPP ……………………………………………………… 148

4-21 ［基礎教室］A級とB級 ……………………………………………………… 150

4-22 ［基礎教室］カレント・ミラー回路 ………………………………………… 152

4-23 ［基礎教室］温度補償バイアス ……………………………………………… 153

4-24 ［SEPP］電圧増幅回路 ……………………………………………………… 155

4-25 ［SEPP］差動増幅回路 ……………………………………………………… 157

4-26 ［SEPP］負帰還による全体の増幅度設定 ………………………………… 161

4-27 ［SEPP］細部の設計と調整 ………………………………………………… 163

4-28 ［SEPP］高域の安定化対策 ………………………………………………… 168

4-29 放熱とラジエータ …………………………………………………………… 170

7

4-30	トランスを使った出力回路	174
4-31	負帰還の小わざ	177
4-32	トランジスタで補強した定電圧電源	179
4-33	コンデンサ・マイクの接続	182
4-34	測定器のプローブ	184

第5章　OPアンプ

5-1	理想アンプのモデル	188
5-2	［OPアンプ］差動増幅回路	190
5-3	［OPアンプ］カレント・ミラー	191
5-4	［OPアンプ］定電流回路	193
5-5	［OPアンプ］電圧増幅回路	194
5-6	［OPアンプ］低インピーダンス出力回路	195
5-7	［OPアンプ］電源電圧とオフセット調節	196
5-8	［OPアンプ］スルー・レート	197
5-9	反転増幅器	201
5-10	非反転増幅器	204
5-11	入力端子の扱い方	206
5-12	低電圧OPアンプ	208

Appendix

Appendix 1	JIS電気用図記号の新旧対照表	212
Appendix 2	本書で使用したトランジスタの記号	214
Appendix 3	抵抗器の系列表	215
Appendix 4	抵抗器のカラー・コードとコンデンサの表記ルール	216
Appendix 5	倍数対電圧デシベル対照表（抜粋）	217

第 1 章

電子回路の
基礎の基礎

電子回路とその基礎になった電気回路には、
「電源」あるいは「信号源」という電気の出発点があり、
それを受けて仕事をする「負荷」が存在します。
これらの中には「抵抗」などの要素もあり、
両者間に無秩序に電気が流れないよう働きます。
設計者はこれらの関わりを利用し、
意図して制御（コントロール）するわけで、
本章ではその操縦法の基礎について述べます。

1-01 JIS 電気用図記号の新旧対比

見やすさより描きやすさを重視した改定

　国際規格IEC 60617に合わせ1999年に制定されたJIS C 0617は、メリハリがあって見やすかった旧記号の特徴から一変し、同じ太さの線で描ける記号に統一されました。以前の記号は「烏口」を使って墨で作図していた時代のものでしたが、改定後の記号はパソコンの「お絵描きツール」を使って効率よく描けるのが特徴です（表1-1）。

表1-1　JIS電気用図記号の一部抜粋（新旧対比）※注

	JIS C 0617の記号	旧記号
抵抗		
コンデンサ		
（電解）		
直流電源		
コイル		

新旧混在の実態

　改定により、デジタル回路の記号などは意味がわかりにくくなり、本稿執筆時点で普及が進んでいません。図の抵抗の記号も、「これでは抵抗というイメージがわかない」と、旧記号を使っている人が少なくない状態です。JISは国策のため本書では新記号を使用しますが、旧記号のものも流通している実態を考え合わせれば、表1-1程度は知っておいたほうがよいでしょう。

※注：全体の新旧対比は巻末を参照してください。

1-02 線の考え方

どんなに長くても電圧は低下しない

回路図で使われている線の記号は、長さに関係なく、抵抗がゼロと考えます。

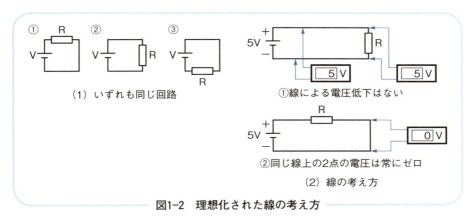

図1-2 理想化された線の考え方

図の描き方に惑わされるな!!

図1-2(1)の①～③は、いずれもまったく同じ回路です。

回路図上の線の長さは、実際の配線の長さとは関係がありません。たとえば、回路図で長いほうの配線が、実際には一番短い線だったりします。

図では線が描かれていても、実際は単にはんだ付けされているだけということもあります。

理想の世界ではこうなる

このような線の特性は、回路を解析しやすくするために理想化されたものです。

理想の世界では、図1-2(2)の①のように、どんなに線が長くても途中で電圧が低下することはありません。また、同図の②のように同じ線上の任意の2点の電圧は常にゼロです。

1-03 回路図の点

線と線を結びつけるもの

　線と線の交差位置にある点は、両方の線がつながっていることを表します（図1-3(1)の②）。交差位置に点がない場合は、両方の線がそれぞれ独立していることを意味します（同図①）。

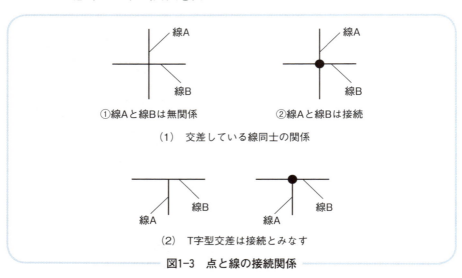

図1-3　点と線の接続関係

T字型の場合

　2本の線がT字型に配置されている場合は、交差位置の点が省略されている形とみなし、両方の線がつながっているように扱います（図1-3(2)）。とはいえ、描画途中などでの間違いを防ぐために、できるだけ点は省略しないほうがよいでしょう。

1-04 直流電圧源と交流電圧源

「電源」とは？

「電源」とは電気を送り出すところで、それに対して電気を受け取るところを「負荷」と言います。

直流電源

常に一定の電圧を送り出す電源です。記号（図1-4(1)）は、長い線がプラス（＋）、短い線がマイナス（－）です。旧記号では、電圧が高い場合記号を複数並べて区別していましたが、新記号では電圧にかかわらず1個だけ描きます。

直流定電圧源とは？

Q 電池の電圧は、接続するもの（モーターとか電球など）によって変わりますが、「直流」と呼んでいるのはなぜですか？

A ここで述べているのは、回路図を解析するときに考えやすくするため、理想化したものです。現実には、広い意味で、一定の極性を持つ電源を「直流」と呼んでいます。電圧が一定であることを明確にするため、「直流定電圧源」と呼ぶこともあります。「定電圧」を強調するのは、電圧が変動すると、電流なども変化するためです。

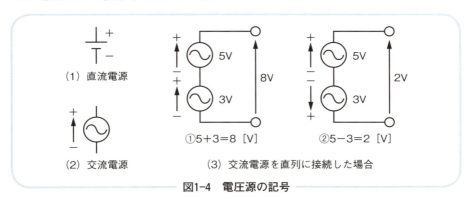

図1-4 電圧源の記号

交流電源

記号は図1-4(2)のように描かれ、電圧や極性が常に変化する電源です。変化しながらも、回路を解析する都合上、周波数や振幅を一定に仮定し、「交流定電圧源」として扱います。

交流なのに＋－を描くのはなぜ？

Q 交流では極性が一定でないはずですが、図1-4(2)に＋－が描かれているのはなぜですか?

A これも回路を解析するときの都合からきています。例えば、電圧を足し合わせるとき、接続する方向を明らかにしておかないと、結果の値が異なります（図1-4(3)の①と②）。すなわち、これは接続の「向き」を表わしているのです。

電圧の極性を表す矢印

電源のように極性を持つ場合の記号には、プラス側に（＋）表記がなされます。新記号では、プラスの反対側は、暗黙にマイナス（－）を示します。電圧の表記で極性を描く場合は矢印で表す場合もあり、そのときは矢印の先端がプラス（＋）、反対側がマイナス（－）を意味します。

端子記号

線の端にマル（○）を描いて、端子を表します。そこは電圧などを測定する位置を表すこともあり、必ずしも端子の実体がないケースもあります。

ぷちメモ ✏ **電圧を表す矢印の方向と電流の方向の関係**

電圧源に平行する矢印は、プラス極の側に付きます。抵抗などに平行して引かれた矢印もプラス側ですが、電流の方向との関係は真逆です[※注]。

※注：詳しくは1-7節の図1-7を参照してください。

1-05 電位と電圧

どちらも単位はボルト（V）

電位と電圧は、どちらも単位はボルト（V）で、いわば「親戚」のような関係にあります。両者の違いは、図1-5のとおりです。

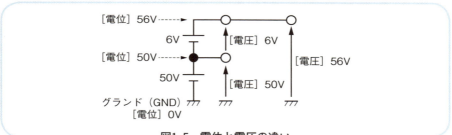

図1-5　電位と電圧の違い

電位は基準点（0[V]）を起点にした値

グランド（GND）は、電子装置の金属フレームなどへの接続を意味し、ここを電気的な基準点と仮定します。アース（大地）と同様です。

「電位」は、基準を0[V]としたときのレベルを言います。

電圧は「電位差」

2点間の電位の差（電位差）を「電圧」と言います。
それぞれの電位が高くても、電位差を見れば低い場合があります。

グランドの記号は複数描いても実体は1つ

複数のグランド（GND）記号があっても、それらはつながっていて、1つとみなされます。

1-06 抵抗とオームの法則

電圧・抵抗・電流間の暗黙の約束ごと

　電子回路の計算をする中で、無意識のうちに使用されているのが「オームの法則」です。使われ方には、図1-6に示す３つのパターンがあります。

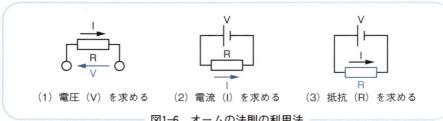

図1-6　オームの法則の利用法

電流と抵抗から電圧を求める

　抵抗R[Ω]を流れる電流をI[A]とするとき、その両端の電圧V[V：ボルト]は

$$V = RI \quad 式(1-1)$$

で示される値となります。Rは比例定数です。

電圧と抵抗から電流を求める

　式(1-1)を変形すると、

$$I = \frac{V}{R} \quad 式(1-2)$$

電圧V[V]を抵抗R[Ω]に印加したときの電流I[A]が求められます。

電圧と電流から抵抗を求める

　また、抵抗値を求めるときは左辺がRになるように変形すれば、

$$R = \frac{V}{I} \quad 式(1-3)$$

となるので、電圧V[V]と電流I[A]を代入して求めます。

1-07 キルヒホッフの法則

総和はゼロ

キルヒホッフの法則では、電流も、電圧も、符号を考慮すれば「総和はゼロ」です（図1-7）。

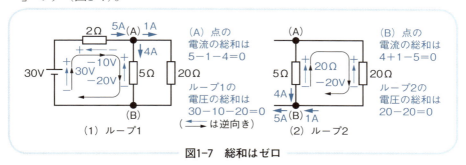

図1-7　総和はゼロ

1点に流れ込む電流の総和はゼロ

キルヒホッフの第1法則では、流入電流を（＋）、流出する電流の符号を（－）として合算すれば、「ある1点に流れ込む電流の総和はゼロ」になります。図1-7の（A）点では、5A流入して4＋1＝5［A］出る結果、総和はゼロになります（図1-7(1)）。（B）点でも、4＋1＝5［A］流入して5A出るので同様です（同図(2)）。

回路を1周して足し合わせた電圧の総和はゼロ

キルヒホッフの第2法則では、「回路の任意の1周部分をたどり、進行方向と同じ向きの電圧の符号は（＋）、反対向きは（－）として足し合わせれば、電圧の総和はゼロ」になります。向きが同じかどうかは、電圧の矢印とループの矢印の方向を比較すればわかります。

図1-7の左側のループ（1）では、30V電源のみ方向が一致し、ほかは逆方向なので（－）です。右側のループ（2）は、30V電源側を省略して描いています。ループは右回りにたどると、5Ωの20Vは方向が一致するので（＋）、20Ωの20Vは逆方向で（－）となります。

1-08 電源と負荷の電圧関係

普通の電源は内部抵抗を持っている

　一般に、電源は、定電圧源と内部抵抗とで表わされるのが普通です（図1-8(1)）。電池などで、負荷電流が大きくなると電圧が下がるのも、そのようなモデルで説明できます。

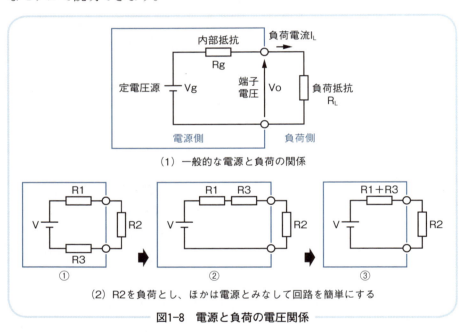

図1-8　電源と負荷の電圧関係

電源と負荷は都合よく分けられる

　回路を解析する上で、電源と負荷とを都合よく分けられると計算が楽になります。ある特定の負荷を中心に考えた場合、それ以外の部分を電源とみなします。そうすると、図1-8(2)のように、①→②→③の変換ができ、電源部分は定電圧源（V）と内部抵抗（R1＋R3）からなる簡単な回路に置き換えられます。

1-09 抵抗値を自在に操る

直列・並列による抵抗値の変化を見逃すな!!

　回路を設計するとき、欲しい値の抵抗器が販売されていないなどの理由で、合成して目的の値を得たいことがあります。また、既存の回路に抵抗を加えて、目的の抵抗値にしたい場合もあります。ここでは、できるだけ簡単に必要な抵抗値を得る方法を考えます（図1-9）。

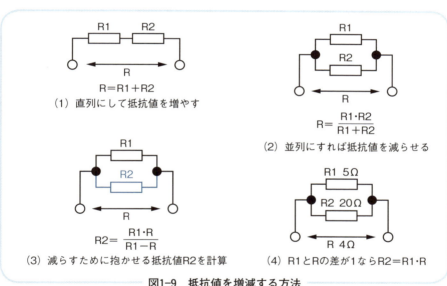

図1-9　抵抗値を増減する方法

増やすのは簡単

　直列回路の合成抵抗は、図1-9(1)のようにして求められます。「継ぎ足し」は、単純に合計するだけなので、いくら加算すればよいかがわかれば、その値の抵抗器（R2）を買って来ればすみます。

並列は面倒か？

　図1-9(2)のように、抵抗を並列にすれば電流が増えるため、合成抵抗値を

減らすことができます。この場合、直列に比べて計算はずっと面倒になるように感じられます。しかし……。

必要な抵抗値を計算してみる

どんな値の抵抗を並列にすべきか、計算してみると、図1-9(3)のようになります。この式の分母は、まさに元の抵抗値（R1）と抱かせる抵抗値（R2）の差になっている点に注目!!

差が１なら前後の値の積が抱かせる抵抗値

このことは、分母、すなわち差が１のときは、元の抵抗値（R1）と合成後の抵抗値（R）の積が、抱かせるべき抵抗の値になるということです（図1-9(4)）。補助単位をkΩにしても、差が1kΩなら同じことが言えます。

差が１以外のときも、積の値を差の値で割ってやればよいので、計算はそれほど難しくありません。

ぷちメモ　念のため並列抵抗の計算

R1とR2を並列にして電圧Eを印加すると、流れる電流Iは、

$$I = \frac{E}{R1} + \frac{E}{R2}$$

となります。したがって、合成抵抗Rは

$$R = \frac{E}{I} = \frac{E}{\dfrac{E}{R1} + \dfrac{E}{R2}} = \frac{1}{\dfrac{1}{R1} + \dfrac{1}{R2}}$$

$$= \frac{R1 \cdot R2}{R1 + R2}$$

となります。

1-10 テブナンの定理は魔法の杖

テブナンの定理では

電源を含む線形回路（オームの法則が成立する回路）では、負荷につながる2本の端子の開放電圧（負荷を接続しないときの電圧）がVo、端子から見た内部抵抗がRgとすれば、その回路はVoとRgが直列になった回路（電圧源）と電気的に等価（等しい）である、と言っています。

回路を簡単化して理解しやすくする

これを利用すれば、図1-10(1)のように少し面倒な回路も、非常に簡単になります。

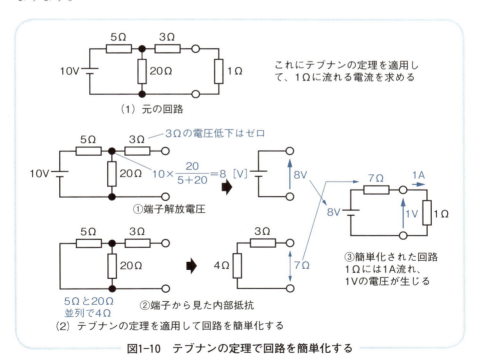

図1-10　テブナンの定理で回路を簡単化する

端子解放電圧

「端子開放電圧」とは、負荷を接続しない状態なので、端子に電流は流れず、したがって3Ωの電流もゼロで、電圧低下はありません。結果として、10Vの電圧が5Ωと20Ωで分圧され、8Vが得られます（図1-10(2)の①）。

端子から見た内部抵抗

前提として、内部にある電源は電圧ゼロにし、「ただの電線」とみなします。そしてその状態で、端子から見た抵抗値を採用します。

5Ωと20Ωは並列となり、合成抵抗4Ωとして置き換わります。3Ωはそのまま残り、これらは最終的に合算されて7Ωとして観測されます（図1-10(2)の②）。

簡単化された回路

以上により、図の回路は、図1-10(2)の③のように描き変えることができます。その結果、簡単化された回路に元の回路の負荷（1Ω）を接続すると、8Vを7Ωと1Ωで分圧することになり、1Vが得られます。このとき、1Ωの負荷には1Aの電流が流れます。

分圧は「比例配分」

図1-10(2)の③のように複数の抵抗が直列につながって定電圧源に接続されている場合、電流値は一定なため、電圧Vはそれぞれの抵抗値に比例して配分されます。これを知っておけば、各抵抗の電圧値を計算するのにいちいち電流値を求めて掛け合わせる必要がありません。

内部抵抗の定義から得られるヒント

端子から見た抵抗値が内部抵抗に相当するということは、単に合成抵抗として計算できるだけではありません。この考えを拡張すれば、アンプの出力端子に外部から電圧（Vo）を与え、それによって発生した電流（Io）から、Vo/Ioで出力インピーダンス（Zo）を求めることも可能になります。

1-11 電流源電源

電源と負荷の関係を電流中心に見れば

電源には、電流を中心にした視点の、電流源モデルもあります（図1-11）。

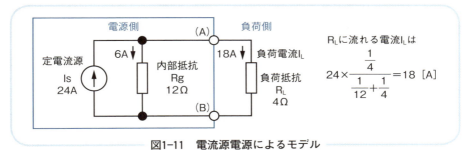

図1-11　電流源電源によるモデル

定電流源

電流源の中心となる定電流源Isは、端子（A）、（B）をショートしたときの電流値をとります。図1-11からも明らかなように、（A）、（B）をショートすればIsの全部が端子に出てきます。

内部抵抗

電圧源の場合と同じく、端子から見た抵抗値Rgです。電源側内部で、Rgには定電流源Isが並列に抱かされていますが、定電流源は抵抗値が無限大と定義されているので無視します。

電流の配分は「コンダクタンス」比で

図にもあるように、抵抗値は「電流を通しにくい」単位であるため、負荷抵抗などには、電流は抵抗値の逆数（「コンダクタンス」という）で比例配分されることになります。

1-12 ノートンの定理

「第2の魔法の杖」を活用する

電流源の視点では、ノートンの定理を使って回路を簡単化できます（図1-12）。テブナンの定理が「端子開放」なのに対して、ノートンでは「端子ショート」、内部抵抗は電流源に並列に入ります。

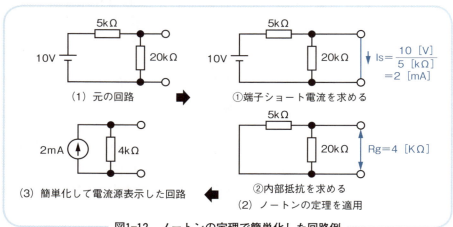

図1-12　ノートンの定理で簡単化した回路例

端子ショート電流を求める

図1-12(2)の①のように、端子と並列の20kΩは無視されます。
kΩで割ると、単位はmAになります。

端子から見た内部抵抗を計算する

定電圧源の内部抵抗はゼロであるため、端子から見た抵抗Rgは、20kΩと5kΩが並列になった値になります（図1-12(2)の②）。結果は、同図(3)のように整理できます。

1-13 直流電力の計算

抵抗は電力を消費する

抵抗などに電圧がかかり、電流が流れると、そこで電力（エネルギー）が消費されます（図1-13）。

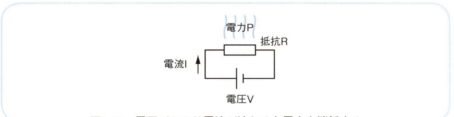

図1-13　電圧がかかり電流が流れると電力を消費する

電力は電圧と電流の積

電力は、

$P = VI$　　式(1-4)

と定義され、電圧V[V：ボルト]と電流I[A]を掛け合わせてワット数（電力）P[W]が求められます。

電圧と抵抗から電力を求める

式(1-4)に式(1-2)※注のI= $\dfrac{V}{R}$ を代入すると、

$P = \dfrac{V^2}{R}$　　式(1-5)

が得られ、電圧V[V：ボルト]を抵抗R[Ω]に印加したときの電力P[W]が求められます。

電流と抵抗から電力を求める

式(1-4)に式(1-1)※注のV=IRを代入すると、

$P = I^2R$　　式(1-6)

となり、抵抗R[Ω] を流れる電流がI[A] のとき消費される電力P[W] が得られます。

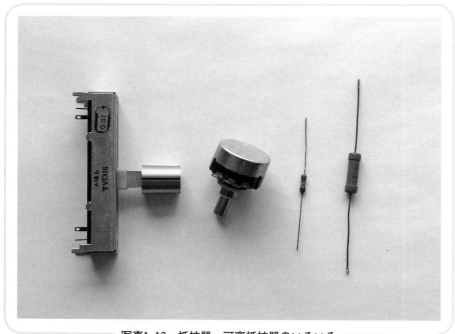

写真1-13　抵抗器・可変抵抗器のいろいろ
左からスライド・ボリウム、ボリウム、1/4W型抵抗器、2W型抵抗器

※注：1-6節を参照してください。

1-14 交流電力と実効値

電圧・電流値が同じなら、抵抗で消費する電力は直流も交流も同じ

　交流は常に電圧、電流が変化しているので、電力の瞬間的な値（瞬時値）も刻々変わっています。そのままでは不便なので、これをならして、直流だったら同じ電力が得られる電圧、電流レベルを採用します。それが「実効値」です（図1-14(1)）。

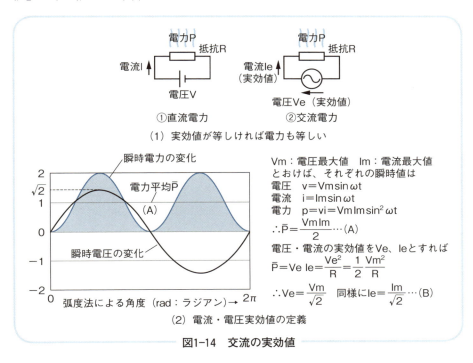

図1-14　交流の実効値

正弦波が基本

　家庭に送られてくる電気は、おおむね100Vの正弦波です。複雑な波形も正弦波に分解できることから、電力の計算などは正弦波をモデルに行われるのが普通です（図1-14(2)）。

ここで言う「100V」は実効値で、最大値はVm＝141.4［V］です。周波数は、関東で50Hz、関西では60Hz。瞬時値vは

　　　v＝Vm sinωt

で求められます。電流瞬時値iも、最大値Imで同様に変化します。

　電力瞬時値pは電圧瞬時値と電流瞬時値の積であり、結果として出る$\sin^2\omega$tの項は正数で、元の周波数の倍の周波数の山谷ができます。結局、電力値をならせば、山を削って谷を埋める形になり、Vm・Im積の半分になります（図1-1-14(2)の(A)）。

実効値は最大値の1/$\sqrt{2}$

　電圧と電流の実効値をそれぞれVe、Ieとすれば、両者の積は（A）の電力値と等しくならなければなりません。そこで、Ve・Ie積に（A）を代入して、電圧だけ（Vm）、あるいは電流だけ（Im）の項による式に変形すれば、電圧または電流の実効値は最大値の1/$\sqrt{2}$になることがわかります（図1-1-14(2)の(B)）。

　交流電圧には、ほかに「平均値」がありますが、電気的にあまり意味がないので、ここでは省略します。

弧度法

　角周波数ωは角度を弧度法（rad：ラジアン）で表現するもので、円の1周（度数法で360°）が2π、周波数がfならt秒で$2\pi f$t（＝ωt）となります。

1-15 抵抗器のワット数・系列・誤差

電子回路の基礎の基礎

ワット数は耐電力

抵抗器でワット数の大きいものはおよそ図体も大きいですが、これは耐電力の違いによるものです。一般に、表面積の大きなものほど熱の放射がよく、大きな電力に耐えられます。たとえば、試作などでよく使われている1/4ワット型では250mWまでOK、100Ωなら5Vが限度です。

限度に近い状態で動作している抵抗器は、発熱しています。セメント抵抗などは、焼き切れないように耐熱性の絶縁体で覆うことでワット数を高くしているので、近くに熱に弱い部品を配置するとトラブルの原因となることがあります。

抵抗値は系列表の中から選ぶ

抵抗値は、一定の比率で間隔をとった値が用意されています（表1-15）。たとえば、E12系列は1から10までを12段階に分けたもので、10%以内の誤差を持つ製品が含まれています。E24系列は24段階に分かれており、E12系列の値と一致しているものが半分存在します。段階が細かいだけ精度も上がり、誤差が5%以内に規定されています。もっと精度の高いE96などの系列もありますが、値段が高いので、精密さが要求される用途に使われます。

選定の際、普通は設計値に最も近い仮数部$\times 10^n$（nは指数部）の値のものを選びます。たとえば、設計値が50kΩでE-24系列から選定するとすれば、仮数部51の51kΩがベストです。しかし、要求精度がE-12系列でも十分ならば、47kΩという選択肢もあります。機器の設計に携わる人は、E-12系列やE24系列など頻繁に使う系列の仮数部各値を暗記しています。

表1-15 抵抗器の系列表

系列	E3	E6	E12	E24	E48		E96			
誤差（%）	40	20	10	5	2		1			
抵抗値 （仮数部）	10	10	10	10	100	105	100	102	105	107
				11	110	115	110	113	115	118
			12	12	121	127	121	124	127	130
				13	133	140	133	137	140	143
		15	15	15	147	154	147	150	154	158
				16	162	169	162	165	169	174
			18	18	178	187	178	182	187	191
				20	196	205	196	200	205	210
	22	22	22	22	215	226	215	221	226	232
				24	237	249	237	243	249	255
			27	27	261	274	261	267	274	280
				30	287	301	287	294	301	309
		33	33	33	316	332	316	324	332	340
				36	348	365	348	357	365	374
			39	39	383	402	383	392	402	412
				43	422	442	422	432	442	453
	47	47	47	47	464	487	464	475	487	499
				51	511	536	511	523	536	549
			56	56	562	590	562	576	590	604
				62	619	649	619	634	649	665
		68	68	68	681	715	681	698	715	732
				75	750	787	750	768	787	806
			82	82	825	866	825	845	866	887
				91	909	953	909	931	953	976

1-16 抵抗器のカラー・コード

　抵抗器の中には抵抗値を数字で印刷しているものもありますが、大半のものはカラー・コードで表示しています。図1-16で例示しているのは1.5kΩの場合で、仮数部2桁が15、指数部1桁が2なので、1500Ωすなわち1.5kΩとなります。仮数部は数字をそのまま並べ、続いて指数部が示す個数だけゼロを加えることになります。

　カラー・コードは、「1は茶色」を「一茶」などというように覚えます。以下、2赤（日赤）、3橙（三等）、4黄（四季）、5緑（語力）、6青（緑青）、7紫（名無し）、8灰（ヤバイ）、9白（釧路）のように…。

　仮数部については、値の小さなものに対応できるよう、金、銀の補足があります。この場合、仮数部の数値にそれぞれ0.1、0.01を掛けた値として読み取ります。

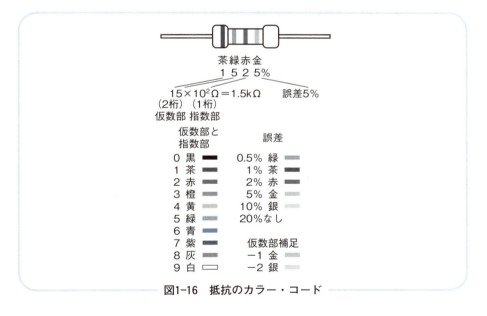

図1-16　抵抗のカラー・コード

1-17 絶縁体

回路図には出てこない「縁の下の力持ち」

　導体は電気を通しますが、絶縁体はその名のとおり電気的に隔絶するために使用され、一般に回路図には出てきません。

ショートを避ける

　たとえば電線の被覆などは、ショートすることがないよう最初から皮を被り、周囲から隔絶しています。これに対して、抵抗器などのリード線は、曲げられると近くの部品のリード線などと接触することがありますが、この問題を防ぐにはリード線にエンパイア・チューブ（耐熱性もある）を被せるのが有効です。

　ケーブルとケーブルを接続した裸の部分は電線がむき出しになっていますが、ビニール・テープを巻いて覆うほかに、熱収縮チューブを被せてハンダゴテなどで加熱すると、きれいに仕上がります。

コンデンサの誘電体として

　「誘電体」は絶縁体としての役割を果たしながら、コンデンサの容量を増強し、部品を小型化するのに役立っています。マイラーや、容量の大きいものでは電解質を使った電解（ケミカル）コンデンサなどがあります。極性があると、例外的に配線図に"＋"記号が描かれます。

熱を逃がしラジエーターの補助をする

　パワー・トランジスタなどでは、放熱のため金属ケースやラジエータ（放熱器）にネジ止めすることがあります。このとき、電気的に絶縁が必要な場合には、テフロン・シートにシリコン・グリースを塗り、隙間ができないよう密着させて放熱する方法がとられます。ネジ穴は、絶縁ワッシャーでショートするのを防ぎます。

第 **2** 章

交流に反応する
部品たち

電子回路で扱う「信号」の多くは交流です。
直流回路は抵抗で制御できましたが、
交流回路はコンデンサやコイルも使った
多彩な動作を実現する世界です。
これらの部品はリアクタンスとして働き、
回路上ではインピーダンスを構成します。
本章では、当該部品の性質と、
それらを利用した回路の成り立ちについて
理解を深めていきます。

2-01 コンデンサとは何か？

導体が向き合えばコンデンサになる

　金属など導体を向かい合わせると、コンデンサができます。そして、コンデンサには電気を蓄積する働きがあります。これは、電極と電極の間に力が働いてエネルギーが残るからで、その力をイメージするために、図2-1(1)のように「電気力線」という架空の線を描いて説明しています。この電気力線が描かれる空間を「電界」と言います。

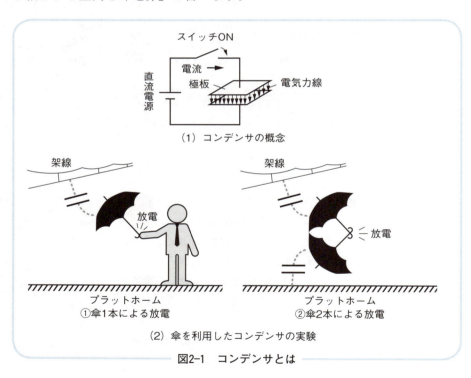

図2-1　コンデンサとは

雨の日のこうもり傘でコンデンサの実験

　雨の日に、駅のプラットホームで傘をさしている光景をよく見かけます。

学生時代の筆者は、たまたま傘のシャフトに親指を近づけると青白い放電が起きることに気が付きました。架線と傘がコンデンサになって、高圧の架線（交流20,000V）から静電気並みの電圧を受けていたわけです。普通に柄を持つと絶縁体で遮断されているため何事も起きませんが、親指の先をシャフトに接近させると、放電して少し痛みを感じました。

さらに、それを見ていた級友の傘を線路の方向に向けて貰い、筆者の傘と彼の傘のシャフト同士を接近させて、その間に火花を飛ばしました。列車を待つ、しばしの間の実験でした。

なお、この実験を再現される場合は、誤って架線や配電系統に触れたり、接近することがないよう、安全に留意して自己責任でお願いします。筆者は責任を持ちませんので、念のため。

浮遊容量

架線と傘の間のように、本来意図していないところにできるコンデンサを「浮遊容量」と言います。

充電と放電

図2-1(1)の回路では、スイッチをオンにした瞬間、充電電流が流れ、すぐに止まります（定常状態）。このため、定常状態では、「直流を通さない」ように見えます。

スイッチをオフにして、コンデンサの端子をショートすると、瞬時に放電して「空」になります。

交流に反応する部品たち

35

2-02 コンデンサの容量と耐圧

容量とは「容積」ではなく「底面積」

「容量」とは、コンデンサの蓄電能力を表現する語です。容量Cは、端子電圧Vを、蓄積した電気量Qで割った値として求められます。すなわち、容量の大きいコンデンサは、たくさんの電気量をたくわえながらも端子電圧が上がりにくいことになります。

コンデンサは、電圧が高すぎると破壊（パンク）するので、「耐圧」が規定されています。ドラム缶に例えれば、容量は底面積、耐圧は缶の高さに相当します（図2-2(1)）。

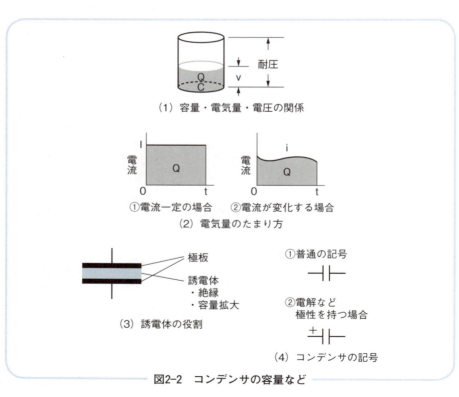

図2-2　コンデンサの容量など

電気量は蓄積している電気の量

電気量Qは、

Q＝電流(I)×時間(t)

で求められます。これは、電流が一定の場合です。

もし、交流など電流が時間とともに変化する場合は、

$$Q = \int i \, dt$$

のように書かれます。iは、電流の瞬時値です（図2-2(2)）。

誘電体

コンデンサは、単に空中で金属等を向かい合わせただけでもできますが、極板の距離が近いほど、働く力、言い換えると容量が増えます。そこで、間に絶縁物をはさんで極板と極板を接近させて配置すると、絶縁物が帯電してさらに力を増すので、小型でも容量を大きくできます。このための絶縁物を「誘電体」と言います（図2-2(3)）。

コンデンサの記号上の種類

コンデンサの分類名には、誘電体の名を付けて「マイラー・コンデンサ」などと呼んでいますが、「電解コンデンサ」やタンタル・コンデンサなど有極性のもの以外は"＋"のない記号で描きます（図2-2(4)）。

有極性のもの、たとえばアルミ電解コンデンサは、＋極に酸化被膜を形成して誘電体とし、小型で大容量を実現しています。電気的に非対称な構造のため、極性を反対にして使うと、化学反応で被膜が壊れます。それに対して、酸化被膜を両極に施し無極性にしたタイプは、電界コンデンサの記号の付近に

10V30μF NP

などのように、無極性（ノンポーラ）であることを表す「NP」を付記します。無極性のものは、容積に対する容量値が半分になります。

交流に反応する部品たち

2-03 コンデンサと交流

電圧と電流の関係

　コンデンサに交流電流を流すと、電流がプラス・マイナスに振れるため、電流値iの累積である電気量がそれを追いかける形で振れ、比例して電圧vも追随します。図2-3では、iの値が最初にゼロになるところでvが最大となり、それからは電流が負になるので電気量を減らし、電圧vが下がっていきます。結果として、コンデンサに流れる電流iは電圧vより位相が90°進んでいることになります。

　電気量qは電流iを積分した値なので、電気量に比例する電圧vは、電流iを積分した値に比例することになります。このことは数学的に

$$\int \cos x \, dx = \sin x$$

という関係があることからも裏付けされます。

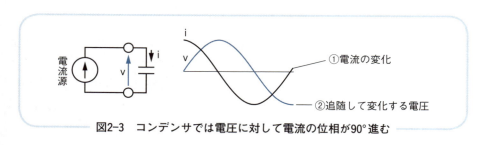

図2-3　コンデンサでは電圧に対して電流の位相が90°進む

弧度法と度数法の数値対応

　電子回路での三角関数の角度は、0〜360°で1周する度数法ではなく、「弧度法」という直径に対する円周の比率をとった数値で表します。弧度法では、0°は0、90°はπ/2、180°はπ、360°は2πとなります。そして、角度を表す単位は度数法がθ[°]であるのに対してω[rad：ラジアン]が使われます。

2-04 コンデンサの交流抵抗「リアクタンス」

リアクタンスの計算

抵抗値が電圧値を電流値で割ったものであるのと同様に、コンデンサの場合も

　　　電圧値v÷電流値i

で抵抗値のようなもの（Xc：リアクタンス）が計算できます。

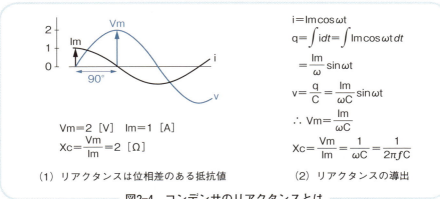

（1）リアクタンスは位相差のある抵抗値　　（2）リアクタンスの導出

図2-4　コンデンサのリアクタンスとは

リアクタンスは電圧と電流の最大値同士で割り返したもの

図2-4(1)にあるように、電圧、電流の最大値がそれぞれVm＝2V、Im＝1Aならば、リアクタンスは割り算して「2Ω」と求められます。最大値を$\sqrt{2}$で割った実効値同士でも、結果は同じです。

VmとImとは90°の位相差がありますが、大きさの値のみで割り返します。

数式によるリアクタンス導出も最大値を利用する

図2-4(2)で、電流の瞬時値iから電気量の瞬時値q、さらに容量値Cから電圧の瞬時値vを求めると、sinωtの項が出てきます。この値が1のとき電圧は最大値Vmなので、これを電流最大値Imで割り返せば、リアクタンス

Xcが求められます。

周波数で変わるリアクタンス値

　この式では、分母に変数として周波数 f があります。これは、周波数が高く（値が大きく）なるとリアクタンスが小さくなることを意味します。また、周波数がゼロである直流では、極限値として無限大となり、定常状態では電流を通過しません。

　では、1μFのコンデンサのリアクタンスは周波数に対応してどのように変わるかを示したのが表2-4です。

表2-4　周波数に対するリアクタンス

周波数	リアクタンス
10Hz	15.9 [kΩ]
100Hz	1.59 [kΩ]
1kHz	159 [Ω]
10kHz	15.9 [Ω]

　参考までに簡略計算では、$1/2\pi \fallingdotseq 0.159$、容量値 C を μF（μは1/1,000,000）、周波数 f を kHz（kは1,000）で表して、

　　　$Xc \fallingdotseq 159/(f \times C)$ ［Ω］

のように求められます。

ぷちメモ　　抵抗器のリアクタンス

　抵抗器の場合のリアクタンスは「抵抗値」と等しく、周波数によって変化しません。また、常に電圧と電流の位相が一致します。

2-05 交流回路とインピーダンス

リアクタンスがインピーダンスに発展するとき

　リアクタンスはコンデンサやコイルの交流抵抗を表しますが、いわば局部的な値であって、狭い範囲での表現と言えます。それに対して、回路の交流に対する抵抗値など広い範囲での表現には「インピーダンス」という語が用いられます（図2-5）。

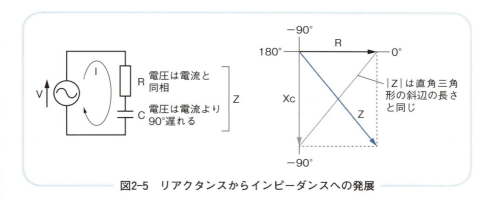

図2-5　リアクタンスからインピーダンスへの発展

抵抗・コンデンサ直列回路のインピーダンス

　抵抗とコンデンサを直列にした回路のインピーダンスZは、直列合成抵抗と同様に考えられます。すなわち、

$$Z = R + Xc$$

となり、Xcには90°の位相差を前提に$\frac{1}{2\pi fC}$が代入されます。

　しかし、これは普通の足し算ではなく次節で述べるフェーザの足し算となるので、大きさ（|Z|）を得るには直角三角形の斜辺の長さを求めることとなり、

$$|Z| = \sqrt{R^2 + Xc^2}$$

のように計算します。

2-06 複素数表示（phasor）

大きさと位相を同時に表現

インピーダンスのように、大きさと位相の両方の特性を持つ数値を同時に表現できる書き方として、複素数表示（phasor：フェーザ）があります。この書き方では、コンデンサの電圧が90°遅れることを"$-j$"、後述のようにコイルの電圧が90°進むことを"$+j$"として表現します。jは$\sqrt{-1}$を表す虚数で、2乗すれば-1になるという、現実にはあり得ない数です。虚数（imaginary）が"i"ではなく"j"と表記されるのは、電流（i）と紛らわしいからです。大きさだけ、あるいは位相だけなら1次元で表現できますが、j軸という仮想軸を加えた2次元座標を導入すれば、インピーダンスは原点から平面上の1点を結んだベクトルのように表せます（図2-6(1)）。

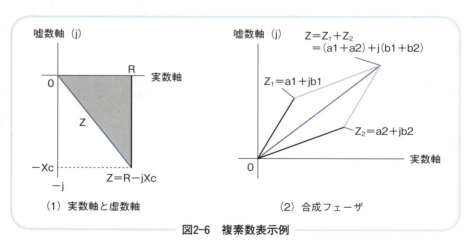

(1) 実数軸と虚数軸　　　(2) 合成フェーザ

図2-6　複素数表示例

フェーザの加算は、実数同士、虚数同士で

1つの式の中に実数と虚数をつなげて書くことで、インピーダンスの合成もわかりやすくなります。実数部は実数部で、虚数部は虚数部だけで足し算すればよいのです（図2-6(2)）。複素数のメリットは、面倒な場面を簡単化してくれることです。

2-07 低域減衰回路

アンプでは自然に起きる低域の減衰

　増幅回路は普通、音声信号などの交流を扱いますが、直流電源で動作します。そこで、信号源→増幅回路、増幅回路→増幅回路、増幅回路→スピーカーなどの間を接続するにはコンデンサを使って直流をブロックする必要があ

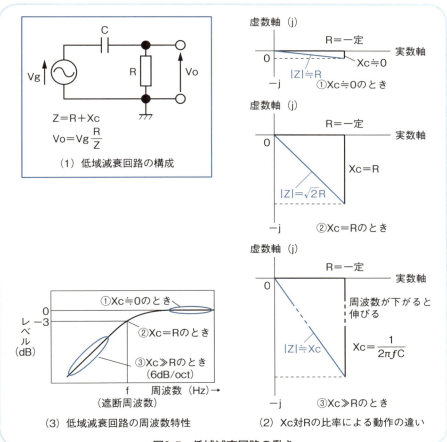

図2-7　低域減衰回路の働き

ります。低音の出が悪くなるのは、コンデンサの容量が小さいと遮断周波数が高くなるためで、ここでは、低域のレベルが下がる仕組みを検証します。

フェーザの積み上げ

図2-7(1)の回路では、R、Xcの合成フェーザとしてZを得ます。この回路の入力電圧Vgに対する出力電圧Voの比率はR/Zで求められ、Xcの値が周波数によって大きく変化するのに追随します。

周波数特性

このような回路の周波数特性は、次のように解析します（図2-7(2)）。

❶ Xc≒0のとき

入力電圧がほとんどそのまま出力され、Vo/Vgはほぼ1（=0［dB］）を保ちます。

❷ Xc=Rのとき

直角二等辺三角形になるので、Vo/Vgは$1/\sqrt{2}$（=−3［dB］）となります。

❸ Xc≫Rのとき（"≫"は、「左辺は右辺が無視できるほど大きい」ことを表す）

|Z|≒Xcなので、Xcが半分（言い換えるとfが倍）になるとVo/Vgは倍になります。このことを「6［dB/oct］（オクターブごとに2倍）」と言います。

「デシベル」とは倍数の常用対数を20倍した値で、詳しくは次節で延べます。低域減衰回路は、別名「ハイパス・フィルター」と呼ばれます。

遮断周波数

❷の条件となる周波数（f）を、「遮断周波数」と言います。$Xc=1/2\pi f C$にXc=Rを代入して整理すると、次式のようになります。

$$f = \frac{1}{2\pi CR} \qquad \text{式(2-1)}$$

2-08 デシベル（dB）表示

対数を利用すれば掛け算が足し算に

　デシベル（dB）は、電圧、電流の場合、倍数Nから
　　デシベル値 = $20\log_{10}N$ ［dB］　　　式(2-2)
のように計算します。すなわち、倍数の常用対数を取り、「デシ（d：1/10のこと）」という補助単位に合わせて10倍にします（式(2-2)では次に述べる理由で"20"と書く）。わざわざ対数化するのは、増幅器など複数段にわたる数値の計算で、掛け算や割り算ではなく、足し算・引き算が利用できるからです（図2-8(1)）。

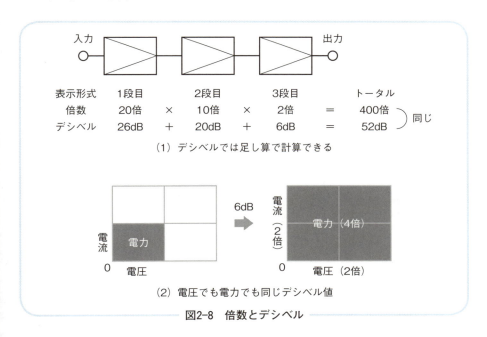

図2-8　倍数とデシベル

電圧デシベルはなぜ電力デシベルの2倍なのか

　「デシベル」は、ワット数や音圧（音の強さ）のようなパワーの次元での

比較を前提にしたもので、電圧の場合は少し違います。たとえば抵抗にかかる電圧を2倍にすると、電流も2倍になって、結果として4倍の電力を消耗するため、同じ6dBでも電圧では2倍、電力では4倍になります（図2-8(2)）。式(2-2)で"$20\log_{10}\cdots$"としたのは、2乗関係にある両者のデシベル値を一致させるための「調整」なのです。

　電圧デシベルの主な倍数値対応は表2-8のとおりで、dB値がマイナスの場合はこれらの倍数の逆数となります。

表2-8　倍数対電圧デシベル対照表（抜粋）

倍数	dB
100000	100
10000	80
1000	60
100	40
10	20
4	12
2	6
1.4	3
1	0
0.7	−3
0.5	−6
0.1	−20
0.01	−40

倍数	dB
1	0.0
2	6.0
3	9.5
4	12.0
5	14.0
6	15.6
7	16.9
8	18.1
9	19.1
10	20.0

倍数	dB
1.0	0.0
1.1	0.8
1.2	1.6
1.3	2.3
1.4	2.9
1.5	3.5
1.6	4.1
1.7	4.6
1.8	5.1
1.9	5.6
2.0	6.0

dB	倍数
0	1.0
1	1.1
2	1.3
3	1.4
4	1.6
5	1.8
6	2.0
7	2.2
8	2.5
9	2.8
10	3.2
11	3.5
12	4.0
13	4.5
14	5.0
15	5.6
16	6.3
17	7.1
18	7.9
19	8.9
20	10.0

2-09 高域減衰回路

高域減衰回路もコンデンサが主役

低域減衰回路のCRを入れ替えると、高域減衰回路になります（図2-9(1)）。図2-9の(2)では、XcがRに比べて十分に大きい、言い換えれば無限大とみなせるとき（同図①）はほとんど減衰しません（0dB）。反対にRに比べてXcが十分に小さいとき（同図③）は、周波数が倍になると出力レベルが半分になります。これを「−6dB/oct（オクターブ）」と言います。そして、Xc＝Rのとき3dB下がる点（同図②）は低域減衰回路と同じです※注。①～③を周波数特性にまとめると、同図(3)のようになります。

トランジスタなどには電極間容量があって、回路の抵抗分などと一緒に高域減衰回路を形づくり、品種によってはアンプの高域が伸びない原因となっています。

ぷちメモ 🖊 **電池の充電時間**

充電式電池で「容量」と言っているのは「電気量」で、「1500mAh」などと表示されています。この値は、充電電流と時間の積を表し、たとえば100mAの場合15時間で充電が完了します。また、1.5Aでは1時間の「急速充電」となります。一般に充電電流が大きくなれば発熱も多くなり、寿命が短くなります。充電機材を設計するときは、発火、爆発などが起きないよう、事前にバッテリの安全範囲を確認する必要があります。

※注：フェーザは図2-7(2)の②の2等辺三角形と同様なため省略しました。

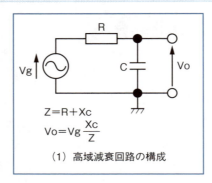

(1) 高域減衰回路の構成

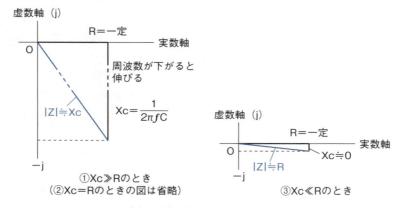

(2) Xc対Rの比率による動作の違い

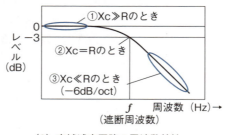

(3) 高域減衰回路の周波数特性

図2-9 高域減衰回路の動作

2-10 遮断周波数の誤差（1）信号源の内部抵抗

計算どおりにいかない場合

低域減衰回路、高域減衰回路の遮断周波数などは、
❶信号源の内部抵抗はゼロ
❷負荷の内部抵抗は無限大
という前提で計算しています。したがって、これらの条件が満足されない場合は、計算とは異なった周波数特性になります。図2-10は、❶の条件から外れた場合です。

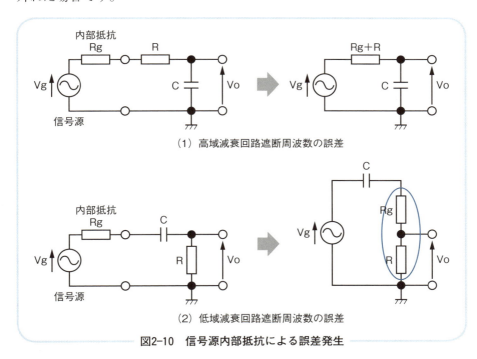

（1）高域減衰回路遮断周波数の誤差

（2）低域減衰回路遮断周波数の誤差

図2-10　信号源内部抵抗による誤差発生

高域減衰回路の場合

信号源の内部抵抗R_gを含めた高域減衰回路では、遮断周波数fを計算す

る際に、Rの値にRgを加算すれば適正な結果が得られます。Rが増加すると設計値よりfが下がるので、Rの値からRgを差し引いておけば目標どおりになります。

低域減衰回路の場合

　低域減衰回路の場合は、RgとRがCによって分断されているので一見難しそうに見えます。しかし、両者はそれぞれ同一直列回路の部分であり、入れ替えても結果は同じになるので、C→Rg→Rのように並べて考えます。すなわち、遮断周波数fを計算する際の抵抗値には、R＋Rgを採用します。

　したがって、この場合も最初からRgを差し引いてRを計算すればよいことになります。

電圧レベルも低下する場合

　低域減衰回路のケースでは、fの補正が必要になるだけでなく、Voは

$$\frac{R}{R + Rg}$$

になることに注意が必要です。

50

2-11 遮断周波数の誤差（2）負荷抵抗が小さい場合

重たい負荷は遮断周波数を高める

　負荷抵抗の値が低すぎる（重たい）場合は、信号源の内部抵抗が影響する場合と反対に、遮断周波数が高い方向に作用します（図2-11）。

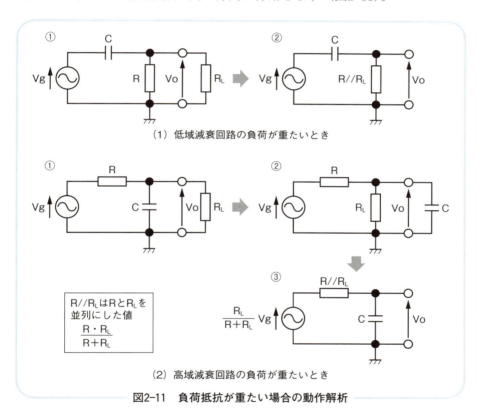

（1）低域減衰回路の負荷が重たいとき

R//R_L は R と R_L を並列にした値
$$\frac{R \cdot R_L}{R+R_L}$$

（2）高域減衰回路の負荷が重たいとき

図2-11　負荷抵抗が重たい場合の動作解析

低域減衰回路の場合

　負荷抵抗 R_L も低域減衰回路に含めて計算します。すなわち、R と R_L を並列にした値で遮断周波数 f を求めます（図2-11(1)の①～②）。

RとR_Lを並列にした値は
　　R//R_L
のようにきます。
　結果として、遮断周波数fは高くなります。

高域減衰回路の場合

　高域減衰回路ではR_LとCが並列になり、一見難しく見えます（図2-11(2)の①）。しかし、図上でR_LをRに絡む位置に移し（同図②）、テブナンの定理を適用すると、R//R_LとCからなる高域減衰回路に置き換えられます（同図③）。

　このとき、信号源電圧VgもR_LとRで比例配分されるので出力電圧は低下し、遮断周波数fは高くなります。

写真2-11　コンデンサのいろいろ

2-12 低域増強回路

基本回路と条件

　低域増強のための基本回路は図2-12(1)のとおりです。この回路は相対的に低域のレベルが高域より高くなるように設計されていますが、低域のレベルそのものを持ち上げる働きはありません。あくまで、高域の落ち込んだ分を増幅してカバーしてやれば、同時に低域も持ち上がる、という前提で使用します。また、遮断周波数などの計算をできるだけ正確に行うためには、

　　　$R1 \gg R2$　……($R1$が$R2$よりも十分に大きい)

という条件を満足させなければなりません。具体的には、10倍程度の開きがあれば実用的な精度が得られます。

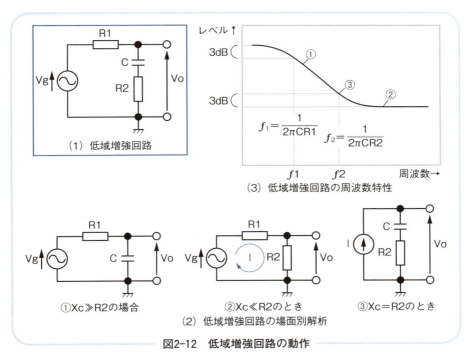

図2-12　低域増強回路の動作

低域増強回路の解析

　低域増強回路の解析は、部分ごとに行います（図2-12(2)）。

❶Xc≫R2の場合

　R1≫R2という前提なので、XcがR2より十分に大きいと、回路はR1とCからなる高域減衰回路と同じです。このとき、遮断周波数f_1は、R1とCで求められます。

❷Xc≪R2のとき

　高域の部分では、回路はR1とR2だけで考えればよく、減衰量は

$$\frac{R2}{R1+R2}$$

で求められます。これを増幅器で補えばよいことになります。

❸Xc＝R2のとき

　高域の平坦な部分から3dB持ち上がる周波数f_2を計算するときの考え方が、解くための大きなポイントになります。すなわち、この局面では❷のときの電流Iとほぼ等しい電流がCとR2に流れることに着目します（図2-12の電流源に注意）。R2はR1よりも十分に小さいので、R2の値に近いXc値もR1より十分に小さく、全体の電流はほとんどR1だけで決まってしまうからです。

　この状態でVoが❷より3dB増加する（$\sqrt{2}$倍になる）条件はXc＝R2で、そのときの周波数f_2は遮断周波数の計算式(2-1)※注にCとR2を代入すれば求められます。

周波数特性

　以上の解析により、周波数特性は図2-12(3)のようになります。

※注：式(2-1)は2-7節を参照してください。

2-13 高域増強回路

基本回路と条件

高域増強のための基本回路は図2-13(1)のとおりです。この回路も高域のレベルが相対的に低域より高くなるように設計されていますが、高域のレベルそのものを持ち上げる働きはなく、あくまで低域の落ち込んだ分を増幅してカバーすることが前提です。また、

　　R1≫R2　……（R1がR2よりも十分に大きい）

という条件についても2-12節の低域減衰回路と同じです。

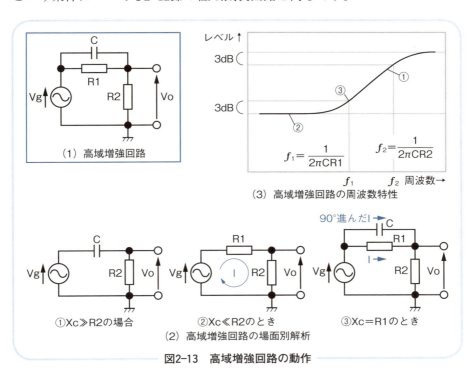

図2-13　高域増強回路の動作

高域増強回路の解析

❶Xc≪R1の場合

R1≫R2という前提から、XcがR1より十分に小さいときは、回路はR2とC からなる低域減衰回路と同様に考えられます。このとき、遮断周波数f_1は、 R2とCで求められます。

❷Xc≫R1のとき

低域の部分では、回路はR1とR2だけで考えればよいので、減衰量は

$$\frac{R2}{R1+R2}$$

で求められ、この分を増幅器で補います。

❸Xc＝R1のとき

❷のときの電流Iに着目します。R2はR1よりも十分に小さいので、Iはほ とんどR1だけで決まります。そして、IとR2とで

Vo＝I×R2

が成立します。ここで、もしXc＝R1になると、Iに加えて90°進んだIも合成 され電流は3dB増加しますが、それらはR2を通過するので、Voの値も❷の ときより3dB高くなります。

周波数特性

以上のことから、周波数特性は図2-13(3)のようになります。

2-14 コンデンサの規格表記

交流に反応する部品たち

耐圧と容量の表示

　コンデンサには、耐圧と容量が表示されています。電解コンデンサなどでは「○○V××μF」などのような直接表記が普通ですが、オーディオに使われるマイラー・コンデンサや高周波に利用されるセラミック・コンデンサなどでは、大半が図2-14①のような規則で表記されています。

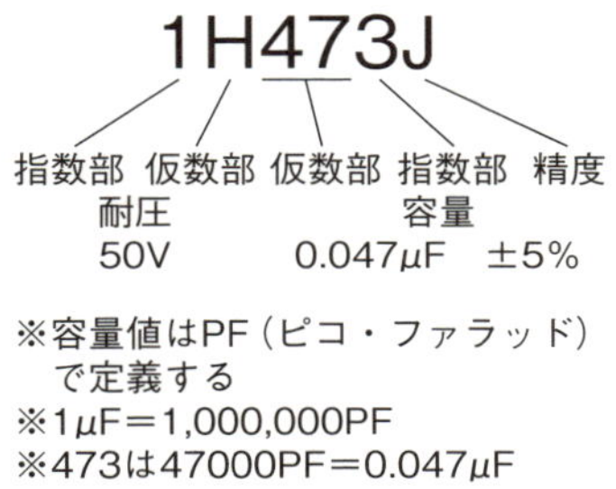

1H473J

指数部　仮数部　仮数部　指数部　精度
　耐圧　　　　　　容量
　50V　　　　0.047μF　±5%

※容量値はPF（ピコ・ファラッド）
　で定義する
※1μF＝1,000,000PF
※473は47000PF＝0.047μF

図2-14　コンデンサの表記例

耐圧の表記

　耐圧は、指数部1桁と仮数部を表す1桁の英字で表現します。「1H」の場合は、図2-14②のようにHは5.0で指数部が1（10の1乗）なので、50Vを表します。

容量の表記

　容量はPF（ピコ・ファラッド）で表します。P（ピコ）は1/1,000,000,000,000（ゼロが12個）を示す補助単位で、コンデンサの普通の容量値の補助単位として多く使われるμ（マイクロ）が示す1/1,000,000（ゼロが6個）のさらに1/1,000,000の値です。このため、Pは「μμ」とも呼ばれます。したがって、「473」は47,000PFであり、0.047μFとなります。

　覚えにくいと感じる読者は、「473→0.047μF」のように1例だけ記憶して

57

おき、これを基本として暗算で乗り切るのがよいでしょう。

　参考までに、「ナノ・テクノロジー」のナノ（n）はμとPの間にあり、1/1,000,000,000（ゼロが9個）を指します。

容量の許容誤差の表記

　許容誤差（図2–14③）は、普通に入手できるランクとしてはJ、Kが一般的です。「J」は±5％を表します。

表2–14　コンデンサの表記の意味

記号	耐圧[V]
A	1.00
B	1.25
C	1.60
D	2.00
E	2.50
F	3.15
G	4.00
H	5.00
J	6.30
K	8.00
V	3.50
W	4.50

（1）耐圧仮数部

記号	許容誤差
C	±0.25[pF]
D	±0.50[pF]
E	±2.00[pF]
F	±1.00[pF]
G	—
J	±5%
K	±10%
M	±20%
P	+100、−0%
Z	+80、−20%

（2）精度

2-15 ［設計教室］ 低域減衰回路の場合

抵抗値について事前に吟味が必要なこと

　具体的な値を決める前に、解決しておかなければならないことがあります。それは、前段、後段の影響について検証する（図2-15①）ことで、これはかなり大きな要素です。たとえば、負荷が10kΩという低いところに、Rとして100kΩなどを使用すると、回路は重たい負荷に引っ張られて1桁も高い遮断周波数になってしまいます。10kΩの負荷にR値が10kΩだったとしても、遮断周波数は倍になります。これでは、とても「精度」などという世界の話ではありません。したがって、回路を設計する以前に負荷の「重さの程度」がわかっていることは大前提となります。もちろん、信号源インピーダンスについても同様です。

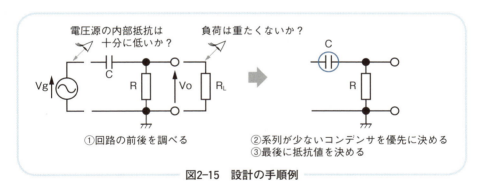

図2-15　設計の手順例

次にコンデンサ選びを優先

　回路の設計ができても、それを実現する部品が入手できなければ回路は組めません。設計はあくまで実現のための第1歩であり、現実に存在する部品を念頭に作業をします。
　その場合、抵抗器はE24系列までが比較的入手しやすいのですが、コンデンサについてはE6、悪くするとE3系列（1.0、2.2、4.7）程度の容量値しか店頭に並んでいないことがあります。したがって、CR（抵抗とコンデンサ）

回路の設計は、コンデンサの具体値を決めることが先決です（図2-15②、③）。

最後に抵抗の詳細値を決める

話をわかりやすくするため、ここでは信号源インピーダンスはゼロに近く無視できると仮定すると、Rの値を決めるやり方は次の2とおりあります。
❶負荷も含めて並列値としてRを決める
❷負荷に対して十分に小さいRを決める
これらのうち❷のほうが簡単なので、ここではそうすることとします。しかし、あくまでRは信号源インピーダンスよりも十分に大きいことが前提となることに注意が必要です。「十分に」ということは、大体10倍程度の開きを言っています。この程度なら、誤差もおよそ1割であり、音楽などを聴いても気が付かないレベルです。ともあれ、あまりシビアでない場合はもっと目標を下げてもかまいません。

設計の実際

設計例を示すために、仕様を決めます。信号源インピーダンスはゼロ、負荷インピーダンスは100kΩ、遮断周波数fを1kHzと仮定します。この条件から、Rの大雑把な値は10kΩと見積もります。そうすると、式(2-1)※注から逆算して、Cは159÷1000÷10＝0.0159[μF]となります。これより大きい直近の容量値として市販されているのは0.022μFなので、とりあえずC＝0.022μFに決めます（図2-15②）。

次に、Rの最終値を決めます（図2-15③）。Rは、159÷1000÷0.022＝7.22[kΩ]となりますが、E-12系列で入手できる値として6.8kΩあたりが現実的な値です。Cをもっと大きく見積もり、0.047μFとする手もあります。そうすると、159÷1000÷0.047＝3.38[kΩ]で、これはE-12系列でも対応可能な3.3kΩが使えます。これだと負荷の100kΩに対して十分に小さく、0.022μFでの設計より理想的です。

※注：式(2-1)は2-7節を参照してください。

2-16 コイルのはたらき

コイルとは何か

　基本的には、電線を巻いたもの（巻線）をコイルと言います。UHFなど波長の短い帯域では、まっすぐな電線もコイルとして扱われることがあります。

　コイルに電流を流すと中心部に磁石の力が生じ、「電磁石」になることは経験している読者も多いと思います。磁石の力が及ぶ範囲を「磁界」と言い、磁界の様子は電気力線のように「磁力線」と呼ぶ架空の線で描かれます（図2-16）。

　反対に、コイルの中心に磁界を与え強さを変化させると電圧が発生するので、磁石を回転させて発電機などとして利用しています。

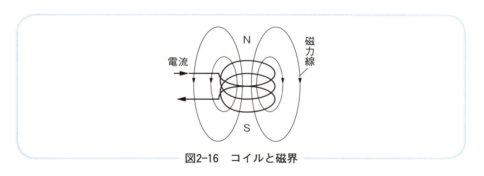

図2-16　コイルと磁界

コイルの単位「ヘンリー」とは

　理想的なコイルは、抵抗値がゼロの巻線として考えます。抵抗値がゼロならば、電線に電流を流しても両端に発生する電圧はゼロになるはずですが、コイルでは電流によって磁界が発生し、その磁力の変化で発電します。この能力を「インダクタンス（誘導起電力）」と言います。

　そして、1[A/秒]の電流の変化に対して1[V]の電圧が生ずるとき、インダクタンスを1[H]（ヘンリー）と定義します。

2-17 コイルと交流

コンデンサと補い合う関係

　コイルが発電するのは電流の変化によるので、直流での定常状態（回路が安定した段階）ではコイルは何の働きもせず、単に電流を通過させるだけの部品でしかありません。しかし、交流を扱う上ではコンデンサと対比され、コイルは特徴ある役割を果たします。

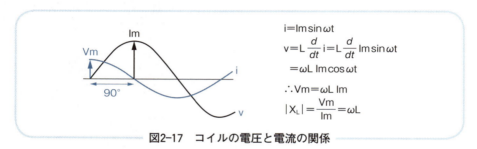

図2-17　コイルの電圧と電流の関係

電圧と電流の関係

　コイルに交流電流を流すと、交流は電流が変化するので、電圧を発生してその値が刻々と変化します。電圧は磁界の変化に比例し、磁界の強さは電流値に比例するので、電圧値は電流の変化分（微分値）に比例することになります。そして、その比例定数が2-16節で述べたインダクタンス（L）であるわけです。

　交流電流が$\sin\omega t$のように変化すると、時々刻々の変化分は微分で表されることになり、$\cos\omega t$のカーブを描きます。したがって、コンデンサの場合とは反対に、電流に対して電圧の位相が90°進むことになります。

コイルのリアクタンス

　コイルも、電圧と電流の関係をリアクタンスで表すことができます（誘導性リアクタンス）。すなわち、電流値$i = Im\cos\omega t$とすれば、電圧値vはiを微分した値にLを掛けた値になり、コイルのリアクタンス（X_L）は

$$X_L = \frac{v}{i}$$

に代入して整理すると、

$$|X_L| = 2\pi f L \quad 式(2-3)$$

が得られます。

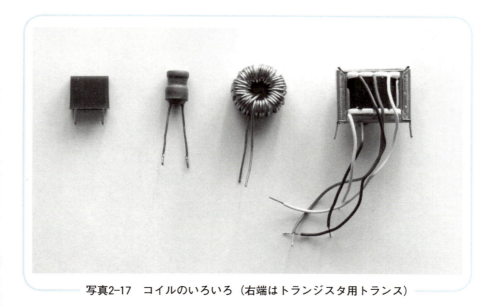

写真2-17　コイルのいろいろ（右端はトランジスタ用トランス）

2-18 コイルと抵抗の回路

交流回路でのコイルのはたらき

　これまで述べたように、コイルはコンデンサと正反対の性質を持っています。1つは、電圧に対する電流の位相が90°遅れることで、もう1つは、周波数が高くなるほどリアクタンスが大きくなる、言い換えると電流を通しにくくなることです。

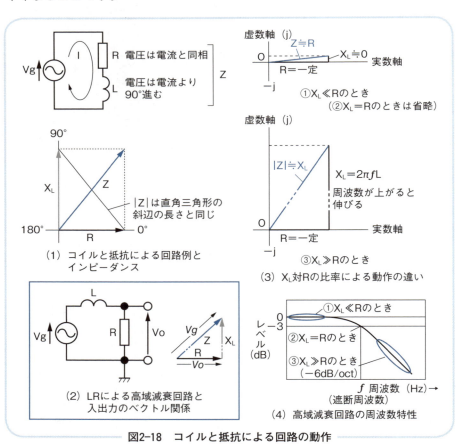

図2-18　コイルと抵抗による回路の動作

コイルの座標上の居場所（第Ⅰ象限）

　コイルを交流回路に使用すると図2-18(1)のようなフェーザ関係になり、グラフでの座標はコンデンサのとき（第Ⅳ象限）と違って上（第Ⅰ象限）に移動します。直列にしたときのインピーダンスの計算はコンデンサのときと同じ足し算で、抵抗値とコイルのリアクタンスが直列になったものとして計算します。実際には大きさを求めるので、図の直角三角形の斜辺の長さを計算することになります。

高域減衰回路

　コンデンサと正反対の性質のため、高域減衰回路は図2-18(2)のようになります。すなわち、直角三角形の斜辺と抵抗辺との比率で電圧Vgが減衰して出力Voとなります。周波数が高くなるほどX_Lの辺が長くなり、それに伴いZの辺が長くなるので、出力比率、言い換えるとR/Zの比率は下がります（図2-18(3)）。

　遮断周波数fはX_lとRが等しくなる周波数で、式(2-3)[注1]より

$$f = \frac{R}{2\pi L}$$

で計算されます。図2-18(3)では②に該当します[注2]。

　それより高い周波数では、−6dB/octで減衰します（図2-18(4)）。

スピーカー・システムなどでの利用が多い

　コイルを使った高域減衰回路は、2ウェイなどのスピーカー・システムで使われています。たとえば、ウーハー（低音用スピーカー）を抵抗器とみなし、コイルを直列に入れて、ウーハーの不得意領域である高域をカットするものです。

交流に反応する部品たち

※注1：式(2-3)は2-17節を参照してください。
※注2：フェーザは2-7節の図2-7(2)の②の二等辺三角形と同様なため省略しました。

65

2-19 直列共振回路

コイル・コンデンサ直列回路

コイルとコンデンサを直列にすると、お互いに交流に対して正反対の働きをするため、打ち消し合って特徴ある動作をします。すなわち、コイルは電流に対して電圧が90°進みコンデンサは90°遅れるため、インピーダンス計算時の足し算は位相差180°となり、結果として引き算になります（図2-19(1)）。

複素数表示で見るインピーダンス変化

このように位相と大きさを同時に表現しなければならない場合、複素数表示が効果的です。図2-19(2)では、コイルの電圧が90°進むことを"$+j$"、コンデンサの電圧が90°遅れることを"$-j$"として表現しています。

共振周波数を求める

複素数表示でコイルとコンデンサのリアクタンス（X_L, Xc）を図2-18の(2)のように描いてみると、その合計値はZのカーブとして得られます。ここで、X_LとXcが等しくなる周波数f_oでは、Zはゼロとなり、この状態を「直列共振」と言います。

このとき、共振周波数（f_o）では、

$$X_L = 2\pi f_o L$$

$$Xc = \frac{-1}{2\pi f_o C}$$

となることから$X_L + Xc = 0$を解くと、

$$f_o = \frac{1}{2\pi\sqrt{LC}} \ [\text{Hz}]$$

となります。

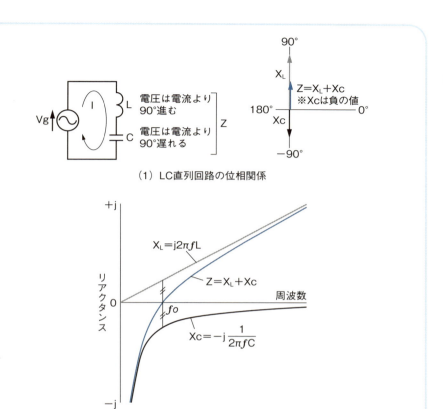

(1) LC直列回路の位相関係

(2) LC直列回路各部のインピーダンス変化

図2-19 直列共振回路の動作

交流に反応する部品たち

2-20 ピーキング回路

直列共振の応用

　直列共振回路は特定の周波数でインピーダンスがゼロになるので、これを利用してその周波数付近のレベルを持ち上げる回路が作れます（図2-20）。そして、この考え方はオーディオ・システムのグラフィック・イコライザーに応用されています。

ピーキング回路の構成

　ピーキング回路では、あらかじめR1とR2とで電圧を比例配分し、普通の周波数帯では減衰させた状態を作っておきます。ただし、減衰分はアンプで増幅し、補ってやる必要があります。周波数に応じた動作は次のとおりです。

　LC直列回路をR1に抱かせ、共振周波数でショートさせます。そうするとR1は消え、R2が信号源と並列に入りますが、信号源の内部抵抗はゼロと定義されているため、出力電圧は下がらずVo＝Vgとなります（図2-20(2)の①）。

　共振周波数から大きく外れた状態では、X_LまたはX_Cのいずれかが、R1に対して非常に大きな値となり、無視できるようになります。その結果、回路は単なるR1とR2による減衰回路として動作します（同図②）。

周波数特性

　図2-20(2)の①と②から、f_o付近が盛り上がった同図(3)のような周波数特性が得られます。

回路の応用

　LCをR2と並列に入れれば、反対に共振周波数で出力レベルの凹みを作ることができます。

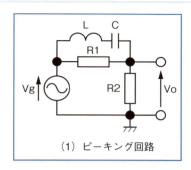

(1) ピーキング回路

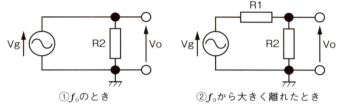

① f_0 のとき　　　　②f_0 から大きく離れたとき

(2) ピーキング回路の動作

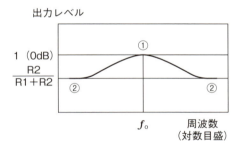

(3) ピーキング回路の周波数特性

図2-20　ピーキング回路とその動作

2-21 並列共振回路

コイル・コンデンサ並列回路

　コイルとコンデンサを並列にした回路では、電圧が共通になるため、これまでの電圧フェーザを積み上げていく方法では解析できなくなります。そこで、双方の電流を合計して、
　　インピーダンス(Z)＝電圧÷全体の電流
により計算します。

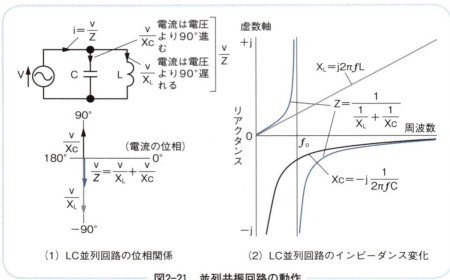

(1) LC並列回路の位相関係　　(2) LC並列回路のインピーダンス変化

図2-21　並列共振回路の動作

　この方法では電流を中心に見るため、これまで電圧を中心に見てきた電圧と電流の進相、遅相の関係が逆になることに注意が必要です。この場合も、コイルとコンデンサの電流の位相は180°異なるので、結果的に引き算となります。
　電流が減るということは、インピーダンス値は個々のリアクタンス値よりも大きくなるということで、電流の合計値が差し引きゼロになるポイント

（共振周波数）では、インピーダンスは無限大になります。

アドミッタンス、コンダクタンス、サセプタンス

　以上の計算式に出てくるインピーダンス、リアクタンスの逆数は、それぞれ「アドミッタンス」、「サセプタンス」と呼ばれます。また、抵抗値の逆数は「コンダクタンス」と言います。

インピーダンスの変化

　上では並列共振回路の電流の合成について考えてきましたが、直列共振回路と比較するためインピーダンスの値に変換（電圧を電流で割る）すると、図2-21(2)のようなグラフが得られます。

　すなわち、周波数の低いところでは、コンデンサのリアクタンスが大きいため、電流はコイルに支配されます。しかし、共振周波数に近くなるにつれ、コンデンサの影響が増し、電流を打ち消しにかかるためインピーダンスは急増し、共振周波数（f_o）では無限大になります。

　周波数が高い領域では、コイルのリアクタンスが大きいため、電流はコンデンサに支配されます。しかし、周波数が低い領域では、共振周波数に近くなるにつれ、コイルの影響で電流が打ち消され、インピーダンスの大きさは急増して共振周波数では負の無限大になります。

　結果として、インピーダンスの変化は、共振周波数を中心とした双曲線カーブを描きます。

交流に反応する部品たち

2-22 トランスの変換作用

電圧変換

2つのコイルを密着して配置し、一方に交流電圧をかけると、それによって発生する磁界に逆らう形で、もう一方のコイルに電圧が発生します。損失がないとすれば、その電圧値は1次側電圧を巻き線比（1次側巻数÷2次側巻数）で割った値となります（図2-22(1)）。

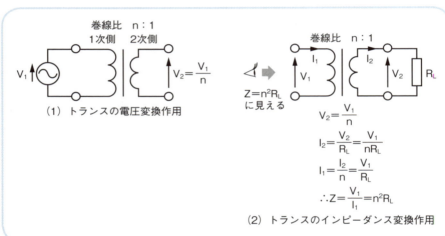

図2-22　トランスの動作

インピーダンス変換

1次側のエネルギー（電力＝電圧×電流）が2次側にそのまま伝達されることを利用して、インピーダンスを変換することができます。図2-22(2)では、2次側で起きる電圧と電流の関係がエネルギーの送り手である1次側に影響して、負荷抵抗がn^2倍されて見える様子を示しています。

2-23 トランスによるインピーダンス・マッチング

負荷電力を最大にするには

ここで、一般的な話として、図2-23のように内部抵抗R_gの電圧源から負荷R_Lに最大の電力を取り出せる条件について考えます。

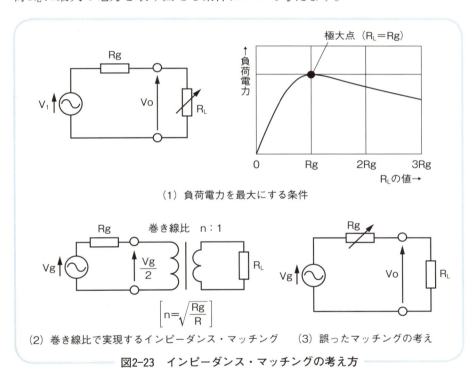

図2-23 インピーダンス・マッチングの考え方

R_Lの抵抗器の記号に矢印が付いているのは値が変えられるということで、その値をゼロから段々大きくしていくと、グラフのように電力値(P_o)が変化し、$R_L = R_g$のときに最大になります。このとき、V_oは$V_g/2$です。

負荷電力(P_o)は、R_Lにかかる電圧をV_gから比例配分で計算し、その値にR_Lに流れる電流、すなわち

$i = V_g / (R_g + R_L)$

を掛けた値です。その結果を微分して、傾きがゼロになるR_L値を計算すると上記の結論が得られます。

インピーダンス・マッチング

上の結論により、内部抵抗R_gを持った電圧源から抵抗値Rの負荷に最大の電力を供給するには、R_gとn^2R_Lが等しくなるように、図2-23(2)のような巻線比のトランスを用意して接続すればよいことになります。これを、「インピーダンス・マッチング」と言います。

マッチングの適用間違い

ここで説明しているインピーダンス・マッチングの考え方は、信号源インピーダンスを固定とみなし、負荷インピーダンス（R_L）を合わせるものです。

反対に、負荷インピーダンスを固定して、信号源インピーダンス（R_g）を調整する場合（図2-23(3)）は、最大出力を得る条件が$R_g = 0$に変わります。にもかかわらず、「マッチング」という語にこだわり、信号源の側を"$R_g = R_L$"にした設計例を見かけたことがあります。これは正しくないので、念のため。

ぷちメモ　トランスの鉄心

トランスでは、損失を少なくするため鉄心を使って磁力が効率よく伝わるようにしています。また、高周波では、通過する磁界で鉄などが電流（「渦電流」という）を生じ電力を消耗するので、鉄を粉にし、絶縁物で固めた「圧粉鉄心（センダスト）」や、焼き固めた「磁性セラミック（フェライト）」が使われます。効率よりも経済性を優先するときは、鉄心を使用しないケースもあります。

第 **3** 章

半導体の基礎と
ダイオード回路

前章では交流に対するフィルタのような回路を中心に述べましたが、
本章では半導体ダイオードによる電流の方向制御、
電圧制御、容量制御など、
応用分野をさらに拡大する方向に発展します。
光との関わりについても、受光素子、発光素子ともに
半導体ダイオードが利用されており、
他の半導体ダイオードとともに、
次章で述べるトランジスタによる制御につながっていきます。

3-01 半導体

半導体とは

　導体は電気を通すもの、絶縁体は通さないものとして知られています。これらに対して、半導体は導体と絶縁体の中間的な位置にあり、ときには導体として働き、またあるときは絶縁体のように電流をブロックします。

　半導体として最も多く使われているのはシリコン（Si）で、初期の頃はゲルマニウム（Ge）が中心的な存在でした。これらの材料はダイヤモンド（C：炭素）と同じ4属元素なので、純度99.99999999（テン・ナイン）％以上の結晶にするとしっかりと結びつき、絶縁体として働きます。しかし、結

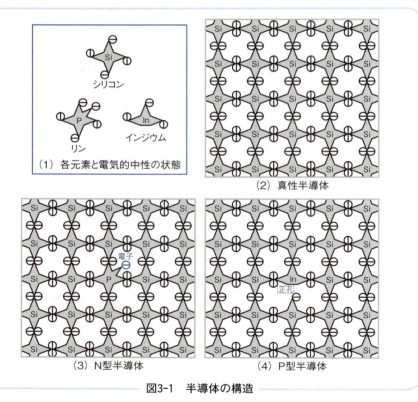

図3-1　半導体の構造

晶に不純物を混ぜると性質は一変します（図3-1(1)）。

Ｐ型とＮ型半導体

　「不純物」とは、高純度の半導体（真性半導体、図3-1(2)）に混入させていわば「不純な動作」を引き起こすもので、シリコンなど中心となる半導体に対して「紛らわしい」性質のものが使われます。

　Ｎ型半導体は、シリコン（４属）の場合５属のリン（Ｐ）を滲み込ませます。そうするとシリコン結晶に紛れ込んだリンは、シリコンと結合するのに電子を１個余してしまいます。これが「自由電子」です。しかし、全体では電気的にプラス・マイナスがバランスしており、マイナスに偏っているわけではないことに注意が必要です（図3-1(3)）。

　「属」というのは、原子の最も外側を回っているとされる電子の数で原子を分類しているもので、結晶では隣の原子と電子を交換して強固に結びつく構造になっています。

　Ｐ型半導体は、シリコン（４属）の場合３属のインジウム（In）を滲み込ませます。シリコン結晶に浸み込んだインジウムは、シリコンと結合する電子が１個不足した形になり、穴ができます（図3-1(4)）。これは電子を呼び込む作用があるので、あたかもプラスの電気を持っているように見えることから、「正孔（ホール）」と呼ばれています。この場合も、全体のプラス・マイナスはバランスしています。

導体としてのはたらき

　Ｐ型またはＮ型半導体を単体で使用すると、外見上は導体として働きます。Ｎ型半導体では、電源を接続すると、自由電子がプラス極に引かれ移動します。そうすると電子が抜けた跡はバランスが破れてプラスになるので、マイナス極から電子を引き寄せて補充します。元に戻った後は、また自由電子がプラス極に引かれるという動作を繰り返し、結局連続して電流を通すことになります。

　Ｐ型半導体では、電源を接続すると、正孔がマイナス極から電子を呼び込みます。そうすると孔は埋まりますが、電気的にはバランスが崩れてマイナスになるので、プラス極に電子を渡して中和します。復元された後は、同様に繰り返して連続した電流が生じます。あたかも、正孔がマイナス極に引かれているように見える点がポイントです。

3-02 PN接合ダイオード

PN接合とは

　チップ上で、P型半導体とN型半導体を隣接させたものを「PN接合」と言います。

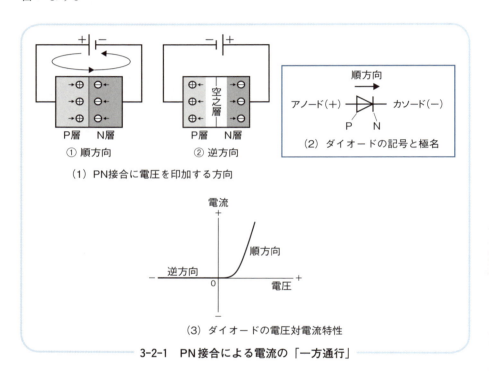

3-2-1　PN接合による電流の「一方通行」

順方向の動作

　マイナスの電気を持つ電子の動きは、プラスの世界である「電流」の動きとは正反対に見えます。
　PN接合のP側をプラス、N側をマイナスに接続することを「順方向接続」と言います（図3-2-1(1)の①）。この状態では、電子を受け入れるP層に対

して、マイナス極側にあり自由電子を持つN層が「協力する関係」になることが、動作に決定的な影響を与えます。すなわち、P領域では、N領域から電子を受け取り、プラス極にリレーします。その結果、PからNに向けて電流が流れているように見えます。

逆方向の動作

N側をプラス、P側をマイナスに接続することを「逆方向接続」と言います（図3-2-1(1)の②）。今度はN領域の電子は最初プラス極に引かれますが、抜けた後に補充できないので、継続的な電流とはなりません。P領域についても、正孔の動きは反対方向ですが同様です。PN接合部の電子や正孔の「抜けあと」の部分は「空乏層」と呼ばれ、結果として定常状態では電流は流れず、絶縁体と同じ働きをします。

ダイオードの極名と記号

PN接合などの2極素子（ダイオード）のP側を「アノード（陽極）」と言い、N側を「カソード（陰極）」と言います。記号は、アノードが矢印、カソードがそれを受ける板の形に対応します。矢印の方向に電流が流れるのが順方向です（図3-2-1(2)）。

ダイオードの電圧対電流特性

電圧対電流の特性をグラフに描くと、図3-2-1(3)のようになります。順方向では、シリコン・ダイオードが0.6V、ゲルマニウム・ダイオードは0.2Vくらいから立ち上がります。逆方向では電流はゼロに近いですが、ゲルマニウム・ダイオードではテスターの抵抗計がわずかに触れる程度に漏れ電流が観測されます。

なお、一般に使われている1N60などのゲルマニウム・ダイオードは、厳密には「点接触型」です。N型単体に金属針をあてた構造は、P型部分の代わりをさせていると考えられています。

● ショットキ・バリア・ダイオード ●

　ショットキ・バリア・ダイオードは、「P-N」接合によらず、「N-金属」のような形で接合させたダイオードで、電気的に点接触型に似ています。この構造では、順方向でN層の電子は中性である金属部に簡単に移動できますが、逆方向ではN層の電子が反発してバリア（障壁）となるので行けず、PN接合と同様、整流作用を持ちます（図3-2-2）。

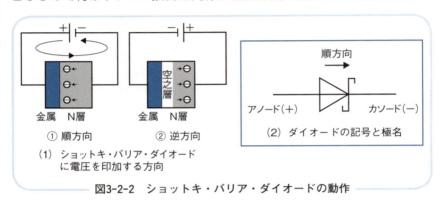

図3-2-2　ショットキ・バリア・ダイオードの動作

　メリットは、P層がない分だけ空乏層も薄くなり、動作電圧が低くなります。そうすると、電力（電圧×電流）、言い換えれば発熱も減ります。また、P型の場合は正孔に電子が落ち込み抜け出すサイクルに時間がかかりますが、N型で自由電子の移動から補充されるまでは高速です。したがって、高い周波数の交流を整流したり、検波などに利用するには適しています。

　欠点は、PN接合に比べて障壁が低いため逆方向の漏れ電流が比較的大きく、またそれに伴い逆方向耐圧が低く、値段が高いことです。主に、スイッチング・レギュレータなどの整流回路に使われています。

　記号には、「ショットキ・バリア」の"S"がカソード側に描かれます。

3-03 半波整流と全波整流回路

半波整流と全波整流の違い

　交流はプラスとマイナスの半サイクルが交互に来ますが、半波整流回路はこのうちの半サイクルだけに反応します。その間にコンデンサ充電した電気を、残りの半サイクルの間持ちこたえなければならないので、大きな電流を得るのには適していません。

　これに対して全波整流では、半サイクルごとに別なダイオードが働き、全サイクルをカバーします。コンデンサで持ちこたえる時間も少なくてすむため、大きな電流を扱うのに適しています。

　整流後に残留した交流分を「リップル」と言います。一般にリップルを少なくするには、コンデンサの容量を大きくします。

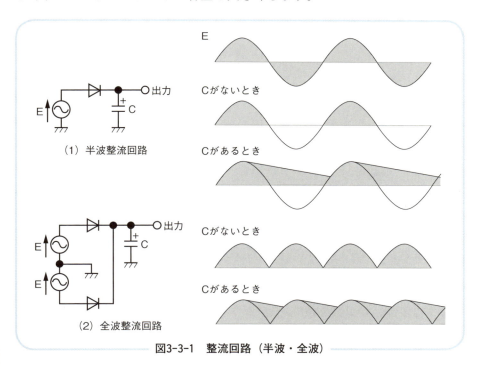

図3-3-1　整流回路（半波・全波）

ブリッジ整流回路

　図3-3-1の回路では、全波整流を行うためには2つの交流電源を必要とします。それを実現する方法としては、トランスの2次巻き線を2組用意する方法がありますが、特別なトランスになるためコスト高となります。

　むしろ整流用ダイオードが安く手に入るので、ダイオードを4個使って、半サイクルごとに2個ずつ動員して全波整流を行うブリッジ整流回路（図3-3-2）が多く使われています。この回路では、プラスの半サイクルでD_1とD_2が通電し、マイナスの半サイクルでD_3とD_4が通電します。

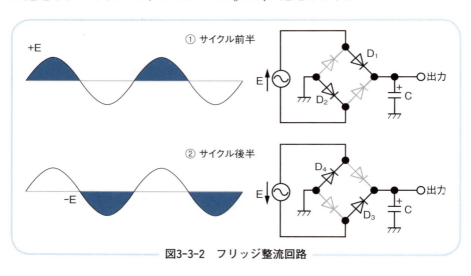

図3-3-2　フリッジ整流回路

ぷちメモ　ACアダプタの利用

　市販の電子装置には、ACアダプタが付いてくるものも少なくありません。これらは直流電源として利用されているので、電圧や電流が適合すればほかの機材の電源としても利用できます。本体の機材が不要になって廃棄するときでも、ACアダプタを取っておけば、再利用できる場面が訪れるかもしれません。

　また、部品店で数種類のACアダプタを扱っていることがあり、買ってきてすぐに使える電源として利用すると便利です。ただし、コネクタの規格と極性に注意が必要です。

3-04 倍電圧整流回路

直列に組み直して電圧を倍に

ダイオードが一方向だけしか電流を通さないことを利用して、整流回路の出力電圧を倍にすることができます（図3-4）。

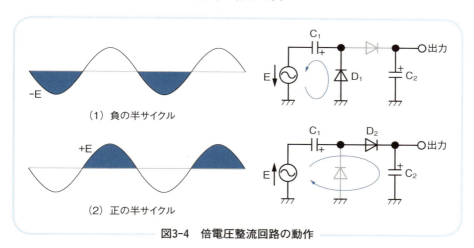

図3-4　倍電圧整流回路の動作

負の半サイクルの動作

Eのグランド側がプラスのときは、D_1が導通してC_1を充電します。C_1には図の極性で電荷が蓄積されます（図3-4(1)）。

正の半サイクルの動作

Eのグランド側がマイナスに変わると、Eの電圧とC_1の電圧が直列になり、それによる電流はD_2を通過します（図3-4(2)）。このときD_1は逆方向なので通電しません。その結果、C_2は直列になった電圧、すなわちC_1に蓄積されていた電圧の倍の電圧で充電されます。ただし、それは出力端子に負荷が接続されていないという前提でのことです。

負荷が重たい場合

　実際は出力端子に負荷が接続されているので、C_2に向かった電流の一部は負荷で消耗し、C_2の充電電圧目標値を達成できないことがあります。そもそも、もとの電圧の倍の電圧を得るためには、電圧を供給する段階で倍の電流を注入しなければエネルギー（電力）保存則上「帳尻」が合いません。すなわち、倍電圧整流回路では負荷の影響を「倍」受けます。

　倍電圧整流回路は大きな出力電流を取り出しにくい構造になっていますが、もとの電源から充分な電流が供給できれば実用になります。

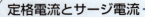

定格電流とサージ電流

　整流回路に使われるダイオードに流れる電流は、瞬間的に大きくなるタイミングがあります。

　ひとつは、コンデンサを短時間に充電する場面です。この場面は規則的に現れ、ダイオードの発熱に関わる最大の原因となります。規格表では、順方向最大電流（I_{FM}）の値以内である必要があります。

　もうひとつは電源オンなどの時点で瞬間的に流れる大きな電流で「サージ電流（I_{FSM}）」と言います。大部分は空っぽのコンデンサを充電するときの電流で、一時的なので、意外に耐えられます。

3-05 [設計教室] 電源整流回路の実際（上）充放電

頻度の高いブリッジ整流回路をモデルに

ここでは、電源整流回路を設計するときのために、具体的な場面を検証します。全波整流では、2組の2次巻き線を持つトランスの調達が難しいため、ブリッジ整流回路（図3-5-1(1)）を組むのが一般的で、このために4個1組にパッケージされた整流器が販売されています。

整流回路には充電期間と放電期間があり、それぞれの期間ごとに動作を解析する必要があります（図3-5-1(2)）。

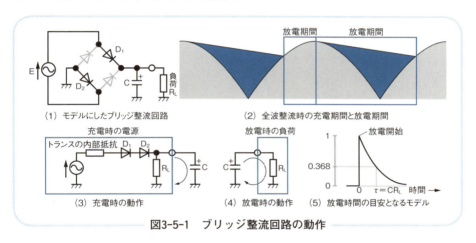

図3-5-1　ブリッジ整流回路の動作

充電期間の動作

充電期間は、図3-5-1(3)のように、コンデンサから見れば負荷も含めて電源側の回路と見なせます。ここでは、簡単のため、負荷は抵抗R_Lに置き換えて考えます。

出力が1Aを超えるような電源では、電源トランスの内部抵抗は限りなくゼロに近く、整流ダイオード（D_1、D_2）も同様です。この条件では、R_Lの影響は充電電圧を少し下げるだけです。コンデンサの充電は、トランスからの電圧がピークに達した段階で終了します。D_1やD_2の電圧低下は、電流の

値に応じてそれぞれ0.6〜1.2V程度（概算1.0V）の損失があります。

放電期間の動作

　トランスからの電圧が下降し始めると、コンデンサは放電を開始します（図3-5-1(4)）。一般に、放電のカーブは同図(5)のようになり、時定数（τ）と呼ばれる時間に達すると、電圧は36.8％に低下します。τは、コンデンサの容量C[F]と抵抗R[Ω]の積として計算でき、結果は［秒］で表されます（例 2,200[μF]×15[Ω]＝33,000[μ秒]＝0.033[秒]）。

　そして、τの値が1/50[秒]（＝0.02[秒]）程度あるいはそれ以下ならば、50Hz地域では図3-5-1(5)のように急激な下降放電カーブとなるわけで、実用的な電源にはなりません。60Hz地域でも同様です。このことは、裏返せば、設計時にコンデンサの容量値を決める際、τの値を0.02[秒]の10倍とか、それ以上の値に設定すれば良好な電源が作れるということです（表3-5）。

　ただし、電源の品質は一般にコンデンサの容量が大きいほど改善されますが、実装サイズが大きくなり過ぎたり、部品代がかさむなどの問題が生じます。したがって、表から費用対効果を見極め、参考にするとよいでしょう。また、後述するように、交流の残留成分を減らすための他の方法も併用するのが上手な設計と言えます。

表3-5　τの値について0.02秒を1として拡大したときの電圧維持効果

τの倍数	倍数の逆数	0.02秒経過時の値
100,000	0.00001	0.99999
10,000	0.00010	0.99990
1,000	0.00100	0.99900
100	0.01000	0.99005
10	0.10000	0.90484
1	1.00000	0.36788

τの倍数拡大以外の解決法

　たとえば、アンプの前段（トータルで増幅度が大きい）の電源にフィルタ（高域減衰回路）を入れ、リップルを吸収するなどの工夫をすれば、電源性ノイズは大幅に減少させることができます。

● 放電カーブとexp ●

　コンデンサが放電する様子は、電圧の変化が直線的ではなく、曲線的に、少しずつ傾斜が寝てくる形をしているのが特徴です。これは、放電→電圧低下…の繰り返しで、電圧が低下すれば電流も減ることから、次第に電圧低下の割合が緩和されていくためです。

　この様子はexp（エクスポネンシャル）カーブであり、εは自然対数の底で2.71828…と定義されています。また、放電開始時の電圧を1とすれば、t秒後の値は

$$\varepsilon^{-\frac{t}{CR}}$$

で求められます。

　ここで、CRの積は時定数（τ）です。同式でtの値がτと一致したときは

$$\varepsilon^{-1}$$

となり、計算すると0.3678…が得られます。表3-5は、「倍数の逆数」を負数にしてExcelでexp()関数を求めたものです。

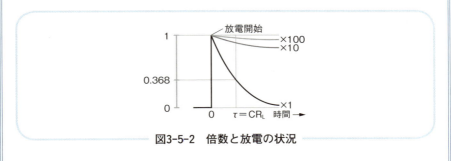

図3-5-2　倍数と放電の状況

3-06 [設計教室] 電源整流回路の実際(下) 全体構成

整流前後の要素を加味

　実際の整流回路では、具体的にいえばトランスで交流電源を供給する部分などが加わります。また、整流後はコンデンサの容量を過大にしなくてもすむよう、リップル・フィルタで「純度」を高めた直流を前段に送ります。

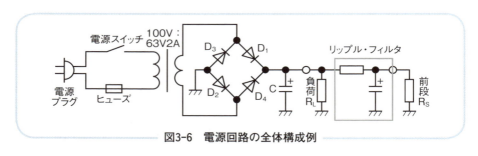

図3-6　電源回路の全体構成例

電源トランス

　トランスの仕様で「100V：6.3V 2A」などとあるのは、1次側を100Vの電源に接続したとき、2次側に2A流して6.3V（実効値）確保できるという意味です。したがって、負荷が軽いときは、電圧はもっと高くなります。
　充電は交流電源出力最大値まで行われるので、ピークでは$\sqrt{2}$倍の8.9V以上となります。この状態でダイオード2本分の低下（1.4V程度）を差し引き、直流出力はざっと7.5V+αくらいが見込まれます。
　低い電圧ではダイオードでの損失がシビアに効いてきますが、それが問題になる場合はショットキ・バリア・ダイオードを使って2本分1V程度のロスに抑える手もあります。

電源スイッチ、ヒューズ

　ヒューズなどの定格を決めるためには、100V側にどれだけの電流が流れるかの見積りもりをしなければなりません。2次側6.3[V]×2[A]=12.6[W]から12.6[W]/100[V]=0.126[A]がギリギリの電流値なので、このケー

スではヒューズは安全を考えれば0.2Aくらいが適当です。もし入手できないときは、代わりに1Aでも実装すべきです。

電源スイッチは、最低でも耐圧125Vのものが必要です。250Vならば、さらにOK。加えて、十分に電流値をカバーしていることを確認します。

家庭用電源（AC100V）に接続する装置を製作するときは、過電流が流れた場合発熱したり、火花が飛び、火災につながる危険性もあるため、緊張感を持って設計する必要があります。万一の場合すぐに電源を切断できるスイッチや、ヒューズは必需品です。

リップル・フィルタ

オーディオ・アンプなどでは、あまりパワーが出ていないとき電源の負荷が少ないB級に準じた設計（第4章で説明）をすることが少なくありません。これだと、小出力の間は負荷に流れる電流が少なく、放電量も少なくなります。ということは、コンデンサの電圧維持動作が改善され、3-5節で説明した「倍率」が高くなったのと同様な効果をもたらします。

このため、B級に準じたアンプの電源は、小音量ではあまりリップルを発生しません。音量が上がるにつれてリップルも拡大し、そのとき問題になります。加えて、これも第4章で言及するA級アンプでは、通電しているだけで最大出力時と同じ負担が電源回路にかかるため、常にリップルの問題を避けて通れません。

そこで、必要ならばリップル・フィルタを使い高度に直流に近い電源を得て、複数段の中で特に影響の大きい前段の電源として交流分が行かないようにする方法が採られます。これは高域減衰回路と同じ回路構成で、直流（周波数ゼロ）から見た交流分を「高域」として減衰させるものです。

3-07 AM検波回路

AM復調

　AMは「振幅変調」と呼ばれ、音声などの信号を電波（または高周波電流）の強弱に変えて伝送する変調方式です。乗せる信号との対応は、プラスのとき電波が強くなり、マイナスのとき弱くなります。

　変調波から元の音声などの信号を復元する動作を、「復調」と言います（図3-7）。

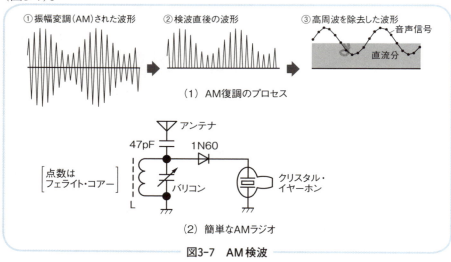

図3-7　AM検波

搬送波

　音声など乗せる信号がないときの電波（または高周波電流）を「搬送波（キャリア）」と言います。「変調」は、搬送波を変形する動作です。

AM信号を復調する手順

　変調波形は、プラス・マイナスが対称なので、平均するとゼロになります。しかし、ダイオードを使ってプラスの部分だけを取り出すと、平均した電圧は電波が強い部分は高く、弱い部分は低くなり、音声など元の信号の特徴を

再現できます（図3-7(1)）。

　そして、検波出力に含まれる電波の周波数の信号（高周波）は、整流回路と同様にコンデンサを使って「ならす」ことができます。実際は音声などの信号の周波数に比べて高周波の周波数ははるかに高いので、図の高周波分のピークを結んだ線が音声などもとの信号に対応します。

　高周波除去後の検波出力には、キャリアに対応する直流電圧と、音声などの信号とが混じっており、直流を除去すれば音声などもとの信号だけ取り出すことができます。

AMラジオへの応用

　図3-7(2)はゲルマニウム・ダイオードを使用したラジオの例です。

　アンテナは、長い電線を屋外の高い位置で逆L型に浮かせるのが望ましいのですが、47pFのセラミック・コンデンサに耐圧が250V以上のものを使用するなどして電灯線のコンセントに挿入する「電灯線アンテナ」も利用できます。電灯線アンテナの場合、プラグの端子2本のうち1本は外し、コンデンサはプラグの中に配置します。そして、そこから引くケーブルに力がかかっても断線やショートして感電することのないよう注意深く取り付けます。

　バリコン（バリアブル・コンデンサ）は容量を変えることができるコンデンサで、Lとともに並列共振回路を構成しています。そして、共振した周波数でインピーダンスが最大になるので、効率よくダイオードに信号を渡せます。これが、放送局を選択する原理（同調）です。

並列共振回路のためのコイル

　L（コイル）は、バリコンの位置により中波では535〜1,605［kHz］をカバーできるように、線を巻きます。ボビンは中空よりも、フェライト・コアーなどと呼ばれる鉄心を入れると巻き数が少なく小型化できます。多くの携帯型トランジスタ・ラジオでは、「バー・アンテナ」と呼ばれる長いコアーを使用して磁波をキャッチし、アンテナを兼用する設計にしています。

　ゲルマニウム・ダイオードは、1N60以外の製品でもたいがい使用可能です。この回路には直流を通過させる抵抗器や、高周波を除去するコンデンサがありませんが、クリスタル・イヤーホン内部の該当成分（寄生抵抗、寄生容量）で代替させ部品代を節約しています。音は振動なので、直流分が残っていても困ることはないのが普通です。

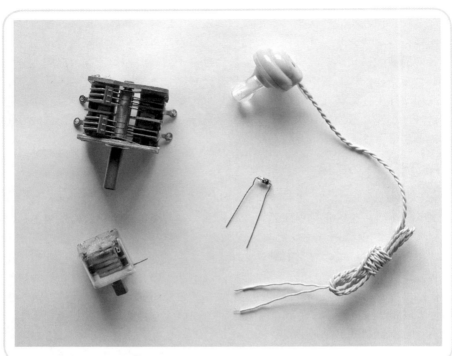

写真3-7 AMラジオ関連部品(左:バリコン、中央:ゲルマニウム・ダイオード、右:クリスタル・イヤーホン)

3-08 ゼナー・ダイオード

ダイオードの逆方向の特性

　3-2節で述べたように、PN接合ダイオードに逆方向の電圧をかけると絶縁体に近いためほとんど電流は流れませんが、徐々に電圧を高くしていくと突然大きな電流が生じ、破壊されてしまいます。これは「耐圧」を超えたからで、

　　　電力＝電圧×電流

の関係により、電圧が高いと少ない電流でも大きな電力となり、発熱して破壊的なエネルギーを持つためです。

　他方で、ダイオードを製造するときに故意に不純物をたくさん混ぜると、耐圧が低くなることが知られています。低い電圧では比較的大きな電流でも電力値は巨大にならないので、うまく設計すれば破壊することなく有益な使い方ができます（図3-8(1)）。

定電圧回路への利用

　このような用途向けに製造されたダイオードは「ゼナー・ダイオード」と呼ばれ、逆方向の電圧をかけて使用します（図3-8(2)）。

　ゼナー・ダイオードに図のように電圧Eを印加すると、抵抗Rにかかる電圧を差し引いた値が出力電圧Vとして得られます。そして、Rにかかる電圧はそのときの電流IとRの積であり、Vとの関係をグラフに表すと、傾きがRの直線となります。

　この直線とゼナー・ダイオードの特性曲線との交点から、実際の電流値が求められます。なぜなら、この回路では直線で表される式とダイオードの電流対電圧の関係が同時に満足されなければならないからです。

　図3-8ではEの値として2つのサンプルを掲載していますが、Eがこれだけ変化しても出力電圧Vの値はほとんど変化しません。すなわち、この回路では出力電圧がほぼ一定に保たれるので、「定電圧電源」として利用できるわけです。ゼナー・ダイオードの記号は、通常のダイオードの記号では矢印を受ける板状の部分を、"Z"字型に描くのが特徴です。

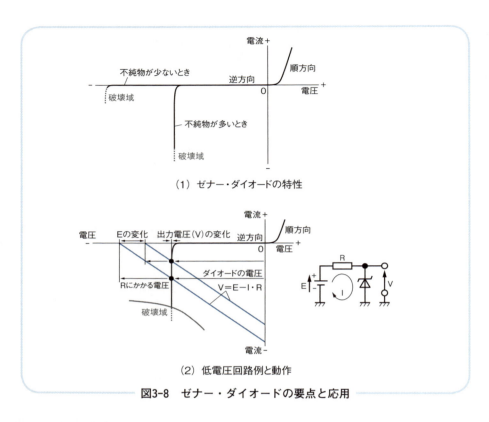

図3-8　ゼナー・ダイオードの要点と応用

負荷電流が変化する場合

　上は入力電圧が変化した場合についての検討ですが、負荷電流が変化する場合についても確認する必要があります。いずれにしても、ゼナー・ダイオードと負荷が電流の取り合いをする形になり、大きな電流の変化には対応できません。そこで、実際は第4章で述べる本格的な定電圧回路を構築し、ゼナー・ダイオードはその「標準電圧」を得るために利用するのが普通です。

記号の特徴

　図3-8(2)にあるように、カソード部分に"Z"を描いた記号を描くのが特徴です。

3-09 可変容量ダイオード

容量を変えられるコンデンサ

　PN接合の逆方向特性で注目すべき点として、コンデンサになるということがあります。金属だけでなく、一般に導体が向き合えばコンデンサになるのは珍しくないのですが、PN接合によるコンデンサは電圧で容量が変化するという特徴を持っています。

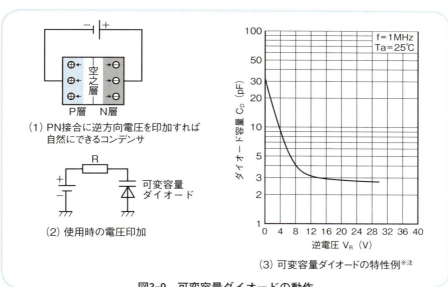

図3-9　可変容量ダイオードの動作

なぜコンデンサになるのか

　逆方向接続では、図3-9(1)のようにN側では自由電子がプラス極に引き寄せられてマイナス極に近いところでは空になっています。P側でもマイナス極から送られた電子はプラス極に近い部分の正孔を埋め、生きている正孔

※注：パナソニック http://www.semicon.panasonic.co.jp/ds4/MA10301_J_discon.pdf より

はマイナス極寄りの部分に限定されます。自由電子や正孔は電気を通す働きをしますが、これらはプラス・マイナスの電極に近い部分だけ残り、接合部分では「空乏層」というキャリア（電気を運ぶもの＝自由電子や正孔）が不活性化された層ができます。空乏層は絶縁体の働きをするので、導体と導体が絶縁体をはさみ、コンデンサを形成するわけです。

　電源接続直後におきる一時的な電子などの移動は、コンデンサの充電に相当します。

容量をコントロールする方法とは

　このコンデンサの容量をコントロールするのは簡単です。逆方向電圧の値によって空乏層の厚さが変わり、同時に「導体」として働く自由電子と正孔の層の距離が変わることを利用すればよいのです。

　すなわち、電圧が低いと空乏層が薄くなるので、コンデンサとしての電極間距離が接近した状態となり、容量が大きくなります。反対に電圧を上げると、空乏層が厚くなるので容量が少なくなります。このように電圧によって容量が変えられることを利用したデバイスを、「可変容量ダイオード」と言います。可変容量ダイオードは、「バリキャップ」とか、「バラクタ」と呼ばれることがあります。

　可変容量ダイオードの電圧の印加は図3-9(2)のように行います。具体的な容量の変化は、同図(3)に示すとおりです。(2)では、抵抗Rにはほとんど電流が流れないため省略可能ですが、Rがないと、ダイオードや電源の極性を間違えて（順方向に）通電した場合、ダイオードが飛びます!!

可変容量ダイオードの応用

　可変容量ダイオードは、通常コイルと併用して並列共振回路を形成します。これにより、ラジオのバリコンなしチューニングを可能にし、自動チューニングもできます。また、発振回路に組み込むことで、FM変調回路が構成できます。

3-10 フォト・ダイオード

順方向でも低い電圧で導通しない理由

　PN接合ダイオードは順方向接続で導通するはずですが、印加する電圧が非常に低いときは導通しません。シリコン・ダイオードでは、0.6Vくらいまで絶縁体のように反応します。これは、P型とN型の半導体が隣接しているところで、N型の持つ自由電子がP型の正孔に落ち込み、薄い空乏層ができてしまうからです（図3-10(1)）。

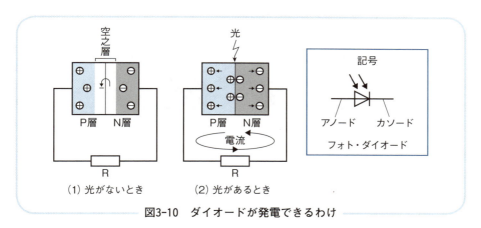

図3-10　ダイオードが発電できるわけ

光が接合部に当たると

　しかし、光が接合部に当たると事態は一変します（図3-10(2)）。光は非常に周波数の高い電磁波であり、電磁波とはプラス・マイナスの電界が交互に入れ替わる性質を持つため、空乏層を活性化してP型領域にプラス、N型領域にマイナスの電気を発生します。この電気は、電流として端子から取り出すことができます。

光発電効果を利用した半導体素子

　PN接合の光発電効果を利用した代表的なものとしては、太陽電池があげ

られます。太陽電池はPN接合を広い面積に分布させたものです。

　光をエネルギーとして利用するよりは「情報」を取得する用途に使われるフォト・ダイオードを大量に並べた例としては、デジタル・カメラの光センサなどがあります。

写真3-10　太陽電池の例

3-11 発光ダイオード（LED）

「段差」から光エネルギーを放出

　先に述べた空乏層の働きで、ダイオードには少しの正方向電圧を印加しただけでは電流は流れず、発光ダイオードであっても光を出しません。通常のシリコン・ダイオードの0.6Vに対して、発光ダイオードはその種類によって、赤外線用で1.4V、赤色、橙色、黄色、緑色用各2.1V、青色用3.5V、紫外線用4.5～6V程度の電圧を必要とします。

　すなわち、空乏層を開放して自由電子と正孔を復元した後、自由電子の移動で正孔が埋まり、また復元するということを繰り返すことで振動し、発光します。しかもその周波数（または波長）は発光ダイオードの種類により一定で、基本的には単色光となります。

　白色の発光ダイオードは、青色発光ダイオードの光で黄色の「蛍光」を誘起し、両者を混合して見た目に白色としているのが普通です。

　電流制限抵抗Rは、動作原理説明図では省略されることも多いのですが、現実には必ず実装されます。理由など詳しくは次の3-11節で説明します。

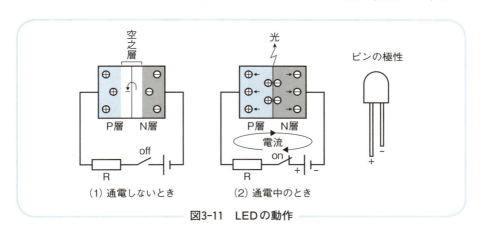

図3-11　LEDの動作

青色発光ダイオード

　光の3原色（赤緑青）のうち青を発色するダイオードについては、しばらく適当な材料が見つからず開発が遅れていましたが、赤崎勇・名城大学教授、天野浩・名古屋大学教授、中村修二・米カリフォルニア大学教授らにより実用化され、ノーベル物理学賞受賞に至ったのは有名です。

　その後、主材料である窒化ガリウムが高価なのに対し、東北大金属材料研究所の川崎研究室で開発された酸化亜鉛による製法ではコストを1/10程度に削減、さらに量産しやすくなりました。

ピンの極性

　長い方がプラス（＋）、短いのがマイナス（－）です。

ぷちメモ　LEDの寿命と明るさ

　LEDの寿命は、40,000時間と言われています。これは、「点灯40,000時間経過後明るさが70％に減少」※注という定義になっており、電球のように切れて点灯しなくなる時間を言っているのとは異なります。

　明るさの単位"cd"（カンデラ：燭光）は蝋燭1本の明るさで、"mcd"はミリ燭光です。3000mcdとは蝋燭3本の明るさです。

※注：JLEDS日本LED照明推進協議会http://www.led.or.jp/led/led_life.htm より

3-12 [設計教室] LED点灯回路（上）基礎編

　3-11節で述べたように、LEDは赤色の場合2V程度など、ある程度の電圧をかけなければ点灯しません。また、わずかでも高すぎる電圧をかけると壊れるので、適度の電圧を印加する必要があります。ここでは、LEDを安全に点灯できる回路の設計について述べます。

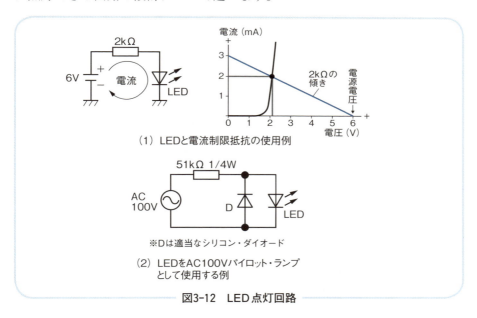

（1）LEDと電流制限抵抗の使用例

※Dは適当なシリコン・ダイオード

（2）LEDをAC100Vパイロット・ランプとして使用する例

図3-12　LED点灯回路

比較的低い電源電圧での設計例

　電源電圧が6Vなど低い場合は、その値からLEDの2V程度を差し引いた値（約4V）を図3-12(1)の抵抗器で負担します。グラフでは、この抵抗が描く直線と、LEDの電圧対電流カーブが同時に満足されるポイントで動作することを示しています。この点を「動作点」と言い、両者の条件を満足することで「電流制限」がなされます。LEDを電流2mAで点灯するとすれば、
　　　4 [V] ÷ 2 [mA] = 2 [kΩ]
の抵抗器を使えばよいことになります。

E-12系列の抵抗を使用する場合、この例では1.8KΩまたは2.2KΩを採用します。一般に、LED点灯回路の設計はシビアでないことが多く、抵抗値の許容範囲はかなり広くとれます。

多くのLEDはこの程度の電流で点灯しますが、懐中電灯として使うようなLEDの場合は、もっと大きな電流が流せるように設計します。白色LEDは発光体が青色なので、青色LEDと同じく3.5V印加します。

交流100Vで簡単に点灯させる場合

交流100Vの電源がオンであることを示す「パイロット・ランプ」のような使い方をする場合は、単に電流制限抵抗を入れるだけではLEDが破壊します。それは、交流の場合、負の半サイクルで逆方向の電圧（最大値141V）がかかり、それがLEDの逆耐圧（−5V程度）を軽々と超えてしまうからです。

抵抗値は、100Vなら2Vを差し引かなくても誤差は少ないので、概算

$$100\,[\mathrm{V}] \div 2\,[\mathrm{mA}] = 50\,[\mathrm{k\Omega}]$$

と計算できます。E-24系列なら、51kΩです。

図3-12(2)のDは、逆方向の電圧がかかったときバイパスする働きをするもので、ほとんどのシリコン・ダイオードの品種が利用できます。Dについても逆方向耐圧の問題がありますが、この回路ではLEDの順方向電圧で2Vに制限され、お互いに保護するように働きます。

ただし、図の回路は、こうすれば安全に点灯できるというだけで、電力（約0.2[W]）の大半は抵抗で消費されるため、効率はあまりよくありません。

3-13 [設計教室] LED点灯回路（下）パワー編

AC100Vで効率的に点灯

ここでは、AC100Vで照明用として効率的に点灯できる回路を設計します（図3-13）。

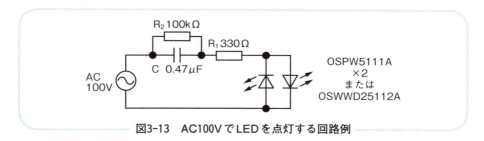

図3-13　AC100VでLEDを点灯する回路例

LEDを逆電圧から保護

回路例は、「電流制限コンデンサ（C）」と、高輝度LEDから成ります。そして、LEDのOSPW5111Aは、同じものを2個1組で互いに逆向きに接続するか、あるいは2個をそれぞれ逆向きに1つのパッケージに収めたOSWWD25112Aを1個使うかして、互いに逆方向時の電圧から保護するようにします。表3-13-1によれば、逆方向電圧は5Vまで耐えるのに対して、順方向では最大3.6Vで動作し、相互に3.6V超の電圧はかかりません。

表3-13-1　LEDの特性例[※注1]

分類	項目	OSPW5111A-Z3	OSWWD25112A
最大定格	順方向電流（I_F）	30mA	30mA
	パルス電流（I_{FP}）	100mA	100mA
	逆方向電圧（V_R）	5V	5V
	消費電力（P_D）	108mW	108mW
電気的特性	順方向電圧（V_F）	Max 3.6V	Max 3.6V
	明るさ（I_V）	3000mcd	7000mcd

電流制限コンデンサ

　直流点灯のときは、点灯電圧は電源電圧に比較的近いのが普通でした。しかし、交流点灯では電源100Vに対してLEDが3Vといった具合で、抵抗で電流制限をすると大半の電力が抵抗にとられ、とんでもなく効率の悪い回路になってしまいます。そこで、AC点灯では、電力を消費しないコンデンサを使って電流制限をするのが普通です（表3-13-2）。この表は他のLEDにも適用可能で、汎用性があります。

表3-13-2 【汎用】電流制限コンデンサの容量と電流値との対応

コンデンサ容量 C（μF）	リアクタンス（KΩ）		100V印加時の電流（mA）	
	周波数（Hz）		周波数（Hz）	
	50	60	50	60
0.1	31.80	26.50	3.1	3.8
0.15	21.20	17.67	4.7	5.7
0.22	14.45	12.05	6.9	8.3
0.33	9.64	8.03	10.4	12.5
0.47	6.77	5.64	14.8	17.7
0.68	4.68	3.90	21.4	25.7
1	3.18	2.65	31.4	37.7
1.5	2.12	1.77	47.2	56.6
2.2	1.45	1.20	69.2	83.0
3.3	0.96	0.80	103.8	124.5
4.7	0.68	0.56	147.8	177.4
6.8	0.47	0.39	213.8	256.6

　たとえば、50Hzの地域で約15mA流したければ0.47μFの電流制限コンデンサを使用します。最大定格30mAに対して、15mAは安全です。

感電防止用抵抗

　電流制限コンデンサ（C）と並列に抱かせる抵抗R_2は、消灯後にCに溜まっている直流電圧を放電し、不注意に触れたときの感電を防止します。また、消灯直後の再点灯でスイッチをオンにしたとき、以前の電圧と加算されて予想外に高い電圧が印加される危険性をも解消します。抵抗値は、CとR_2との積（時定数τ）が短時間（ミリ秒）で、かつ電力消費も少ない値を選び

ます。100KΩは現実的で、100V印加して0.1Wなので1/4W（0.25W）型で余裕があります。

サージ電流保護抵抗

LEDと直列に入る抵抗R_1は、Cが空っぽの状態で電源オンした直後、一時的に大電流（サージ電流）が流れるのを抑制します。しかし、カタログではサージ電流耐性が不明で、R_1を計算する根拠がはっきりしないため、設計例[注2]では、経験値として330Ωなどが採用されています。この値についても、ある程度裏付けが欲しいところです。

近いデータとしては、「パルス電流（IFP）100mA」という記述があります。最悪でAC最大値の141.4Vが印加されても100mAにとどめたいとすれば、割り返し、抵抗値として1,414Ωが算定されます。ただし、IFPは「パルス幅10mS、デューティ10%」（継続）という注釈が付いているのに対して、サージは電源オンの一瞬だけなので、330Ω（IFPの4倍くらいに相当）ならば大丈夫という感じはあります。電流による破壊は熱の蓄積でダメージを受ける例が多く、サージでは蓄積が少ないため意外に耐えられるものです[注3]。

330Ωの場合、通常点灯状態で15mAとすれば74mWになるので、1/4W（250mW）型で十分です。

※注1：http://akizukidenshi.com/download/OSPW5111A-Z3.pdf
　　　　http://akizukidenshi.com/download/ds/optosupply/OSWWD25112A.pdf
※注2：http://www2e.biglobe.ne.jp/shinzo/jikken/kouryukansatsu/kouryukansatsu.html
　　　　http://abcdefg.jpn.org/eleworks/acled/cc.html
※注3：本稿はあくまで参考データであり、試作などの際には電源スイッチとヒューズを使用の上、自己責任でお願いいたします。

第 **4** 章

トランジスタ回路

前章で議論したダイオードは半導体素子でいえば
「前座」にあたりますが、本章では「真打」である
トランジスタの回路に取り組みます。
IC（集積回路）時代ではありますが、OPアンプを
正しく理解するにもトランジスタの知識が必要で、
本章を基礎として次章を展開する流れになっています。
ここにはバイポーラあり、FETありで、多彩な選択肢の中から
回路を設計できます。

4-01 トランジスタと増幅作用

点接触型ダイオードについては前章で述べましたが、これにもう1本のピンを立てて実験していたところ増幅作用が発見され、「点接触型」トランジスタの誕生となりました。その後、ダイオードと同様、安定に動作する「接合型」へと発展し、当初はPNP型のものが普及しました。現在「バイポーラ型」と呼ばれているタイプで、半導体に2本のピンを立てる記号はまさにその「生い立ち」を物語っています（図4-1）。

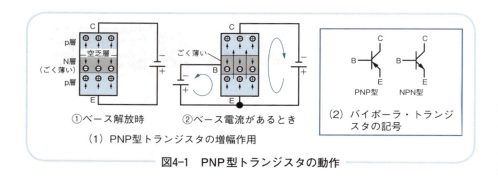

図4-1　PNP型トランジスタの動作

バイポーラ・トランジスタの増幅作用

バイポーラ・トランジスタには、上から順にコレクタ（Collecter：収集）、ベース（Base：基礎）、エミッタ（Emitter：放出）という電極名がついています。上というのは、グランドに対する電源側のことで、PNP型の場合はマイナス電源に接続されます（図4-1(1)）。

ただし、エミッタをグランド、コレクタをマイナス電源に接続しただけでは何も起きません（図4-1(1)の①）。これは、コレクタにかかっているマイナスに対して、ベースがプラス、すなわち逆方向になっているため、空乏層で電流が止められるからです。

しかし、このときエミッタからベースに弱い電流を流してやると、空乏層が弱体化あるいは消滅し、電界の力でここを飛び越えた電流がコレクタに流れます（図4-1(1)の②）。いわば、わずかなベース電流の変化で、大きなコ

レクタ電流の変化が得られる、これがバイポーラ・トランジスタの「増幅」
作用です。ベースは薄いほど飛び越えやすく、効果的です。

NPNトランジスタ

　PNPの3層が引き起こす物理現象は、NPNの3層に対しても、電源のプ
ラス・マイナスを逆にするだけで再現できます。PNPトランジスタによる
回路設計は、マイナス電源のため、写真のネガを扱っているような感覚でし
たが、NPNならば頭の中で極性反転する必要もありません。次なる変化は、
NPN型の主流化でした。

ゲルマニウムからシリコンへ

　トランジスタは材質でも変化を遂げました。初期の頃のゲルマニウム・ト
ランジスタは、内部の接合部温度許容値が75℃などと低く、パッケージに触
れて「熱い」と感じたときには「死んで」いました。このため、業界では
「おシャカ」という流行語ができたくらいです。当時、トランジスタ・アン
プは大きな電流を流せないため出力が弱く、音量を上げると音がひずんで、
「真空管に対してトランジスタは音が悪い」というレッテルまで張られてし
まいました。

　しかし、トランジスタの素材がシリコンに代わると、最大接合部温度が
125℃や150℃などというものが普通になり、指で触れ火傷するくらいでも、
トランジスタは死ななくなりました。むしろ真空管以上のパワーに楽々対応
できるようになったので、今では「球」は趣味の世界に細々と残っているの
が現状です。

　ゲルマニウムは希少元素ですが、シリコン（ケイ素）は「浜の真砂」とい
われるほど資源は豊富です。現在は、単価が抵抗器よりも安いトランジスタ
さえあります。

4-02 電界効果トランジスタ（接合型FET）

電流増幅から電圧増幅へ

バイポーラ・トランジスタを端的にいえば、ベース電流を増幅して出力電流を得るデバイス、すなわち電流増幅器です。それ以前の真空管時代には、「入力は電圧で与えるもの」言い換えれば入力電流はゼロという「常識」がありました。しかし、真空管はバイポーラ・トランジスタの出現でまたたく間に駆逐されてしまったので、かなりの技術者が常識の切り替えに追いつかず、混乱しました。

とはいえ、少しの間辛抱すると、真空管と同じような感覚で電圧駆動できるFET（Field Effect Transistor：電界効果トランジスタ）が出現したので、「真空管組」にも再入門のチャンスができました。

空乏層が増幅に関与

接合型FETでは、PN接合は空乏層を作るために利用されています（図4-2（1））。

FETには「チャンネル」という電流の「通路」があって、その両端からドレイン（Drain：排出）、ソース（Source：源流）という2本の端子が出ています。チャンネルはN型またはP型の半導体で、これ自体は導体です。そして、電流の通路に沿った形でPN接合があり、接合部では通路と反対側にゲート（門）電極が置かれます。ここに逆方向の電圧をかけると、チャンネルに空乏層ができるわけです。

Nチャンネル型の場合には、ゲートにプラスの電圧をかけます。そうすると、プラスが強いほど空乏層も大きくなるので、チャンネルを通過する電流は減ります。すなわちゲート電圧でチャンネルを通過する電流をコントロールでき（図4-2(2)）、抵抗を負荷にして電流の変化を電圧の変化に変換すれば「電圧増幅回路」が完成します。

真空管の場合は、真空中でヒーターを加熱すればカソードから出た熱電子はプラスの電圧が印加されたプレートに向かい、電流を形成しますが、間にあるグリッドに弱いマイナス電圧を印加すれば、反発力で電流を減らす方向

110

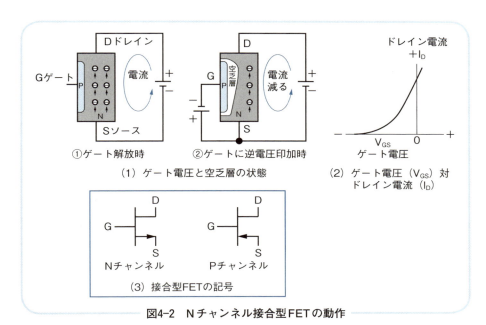

図4-2　Nチャンネル接合型FETの動作

にコントロールできます。FETの場合は、これと同様なことを常温でやっているわけで、しかも点粒ほどのスペースで実現しているところが時代の差と言えます。

Pチャンネル型FET

　Pチャンネル型の場合、ソースがグランド側とすれば、ドレインにマイナス電源、ゲートに通常プラスのバイアスを与えます。チャンネルに対する記号の違いは図4-2(3)のとおりです。

2ゲート

　ゲートはチャンネルを取り囲む位置に作られるので、2面作れば2入力のFETとすることが可能です。一般に1入力のところへ2つの信号を入力しようとすると、信号源同士で相互に影響するのを防止する回路（バッファ）を付加する必要があったりしますが、入力端子が2つあれば最初から絶縁されているので簡単です。

　用途は、音声信号の「ミキシング」や、高周波では2つの周波数を混合して差の周波数を作り出す「スーパー・ヘテロダイン」などです。

4-03 MOS型FET

空乏層の逆の発想

　接合型FETは、ゲート解放状態では通電し、ゲートに逆電圧をかけることで抑制する方向へと動作しました。他方、バイポーラ・トランジスタは、ベース解放時に通電しない構造でした。どちらかといえば、設計というのは「最初から全開」でない方が都合がよいもので、FETもそういった品種があれば便利と考えられていました。MOS（Metal Oxide Semiconductor：金属酸化膜半導体）型FETは、空乏層の逆を行ってそれを実現したトランジスタです（図4-3）。

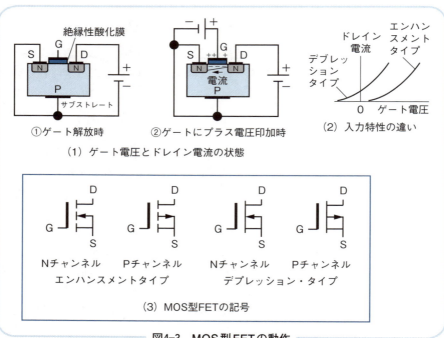

図4-3　MOS型FETの動作

金属酸化膜を利用してコンデンサを作る

　これはNチャンネルの場合、P型基板（サブストレート）の上に2つのN型の島を作り、それらにドレイン、ソースの電極を置きます。そして、その間の空間には絶縁体となる金属酸化膜を載せ、さらにその上にゲート電極を配置します。島はそれぞれ独立しており、間にP型を挟んでいるので、ゲート解放時には通電しません。しかし、ゲートにプラスの電圧を印加すると、島に挟まれたP型部分との間でコンデンサとして働き、対極と反対のマイナスに帯電します。これでP型の一部がN型に化けるため、N型の2つの島との間がつながり、一連の通電できるチャンネルとして機能するわけです。このとき、ドレイン側に近いほどゲートとの電位差が少ないため、帯電の厚さに差ができます。

PチャンネルMOSとC-MOS

　基板（サブストレート）をN型にして、プラス・マイナスを逆にしたPチャンネルのものも用意されています。また、N-MOSとP-MOSのそれぞれ入力端子同士、出力端子同士を並列につないだものをC-MOS（C：Common）と呼んでいます。この接続は簡単に増幅回路が作れる上、消費電力も少ないため、特にデジタル回路へ爆発的に利用が進みました。

エンハンスメント・タイプとデプレッション・タイプ

　上の説明は「エンハンスメント・タイプ（Enhancement Type）」ですが、最初からチャンネルを作っておき、ゲートの動作電圧をマイナス方向にシフトした「デプレッション・タイプ（Deplesion Type）」もあります（図4-3(2)）。これらを「島」で区別した記号は図4-3(3)のとおりです。

　接合型FETの入出力特性は、デプレッション・タイプに該当します。

ぷちメモ　🖊️ ピンチオフ電圧

　ゲートにかける電圧を下げていくと、ドレイン電流がゼロになるポイントに達します。この点を「ピンチオフ電圧（Vp)」と言います。

4-04 トランジスタの分類

　"Semiconductor（半導体）" から "S" を借り、ダイオードは "1S" として、単一入力トランジスタを "2S"、2入力トランジスタを "3S" とした命名規則は表4-4のとおりです。

表4-4　JIS規格によるトランジスタの品名の付け方

品名	構造の種類	型と用途
2SAnnnn	バイポーラ・トランジスタ	PNP型（高周波用）
2SBnnnn	バイポーラ・トランジスタ	PNP型（低周波用）
2SCnnnn	バイポーラ・トランジスタ	NPN型（高周波用）
2SDnnnn	バイポーラ・トランジスタ	NPN型（低周波用）
2SJnnnn	電界効果トランジスタ	Pチャンネル
2SKnnnn	電界効果トランジスタ	Nチャンネル
3SJnnnn	電界効果トランジスタ	Pチャンネル（2ゲート）
3SKnnnn	電界効果トランジスタ	Nチャンネル（2ゲート）

高周波用と低周波用

　バイポーラ・トランジスタの「高周波用」は、かなり曖昧です。規格上は f_T（トランジション周波数）[注]しか手かがりがありませんが、基本的に音声帯域以上、少なくとも中波くらいまでは増幅できるようです。

番号（nnnn）

　登録された連番です。

品種内hfeランク

　ハイフン（−）に続いて、O（低）→Y→GR→BL（高）の順にhfeのランクを表します。

※注：f_Tについてはp.120のぷちメモを参照してください。

114

4-05 機器接続環境の分類

変わってきたインピーダンス環境

　トランジスタなどを使って電子機器を製作するとき、その接続先の電気的条件が適合しないと正しく動作することができません。そこで、筆者の独断と偏見で大雑把な値を整理してみました（表4-5）。ただし、放送局の規格のように厳密なものを除きます。

接続先入力インピーダンスの分類

表4-5　入力インピーダンスの傾向

種類	入力インピーダンス
真空管を使った機器	1MΩ
トランジスタを使った機器	100kΩ
パソコンのオーディオ端子	10kΩ

　真空管では、次段の入力インピーダンスは無限大、言い換えると負荷として影響しないことを前提に設計するのが常識だったため、1MΩなどという高い値が設定されました。しかし、バイポーラ・トランジスタはこのような高い値を得意とせず、1桁下げています。パソコンのオーディオ入力は、周辺のデジタル回路からのノイズの影響を激減させるため、さらに1桁下げました。

　これらをすべて満足させるには、10kΩの負荷が接続されても大丈夫なように、出力インピーダンスをたとえば1kΩ以下に設計します。

前段の出力を受けるには

　現在設計している装置の入力インピーダンスは、前段の装置の負荷として影響しないよう、なるべく高めに設定するのが通例です。

4-06 トランジスタによる増幅の仕組み

増幅とは？

　増幅とは、入力電力に対して出力電力が拡大した状態を言います。電力は電圧×電流で求められるため、トランスのように内部損失のため1次側電力に対して2次側電力が少し下がるように動作する場合は、たとえ2次側電圧が高くなっても増幅ではなく、「減衰」です。増幅の程度を表す値は、「利得（Gain）」と呼ばれます。
　ここから先は、バイポーラ・トランジスタとFETを比較しながら進めていきます。

バイポーラ・トランジスタの場合

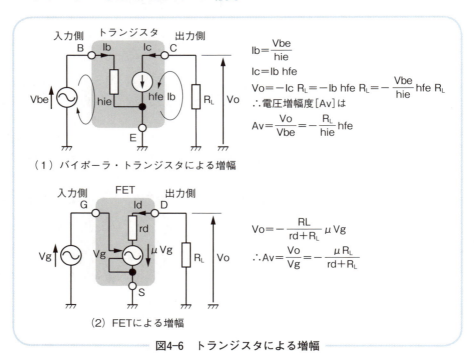

（1）バイポーラ・トランジスタによる増幅

$Ib = \dfrac{Vbe}{hie}$

$Ic = Ib \, hfe$

$Vo = -Ic \, R_L = -Ib \, hfe \, R_L = -\dfrac{Vbe}{hie} hfe \, R_L$

∴電圧増幅度[Av]は

$Av = \dfrac{Vo}{Vbe} = -\dfrac{R_L}{hie} hfe$

（2）FETによる増幅

$Vo = -\dfrac{RL}{rd + R_L} \mu Vg$

∴$Av = \dfrac{Vo}{Vg} = -\dfrac{\mu R_L}{rd + R_L}$

図4-6　トランジスタによる増幅

バイポーラ・トランジスタについては、h定数（詳細は後述）の中で、hie（入力抵抗）とhfe（電流増幅率）のみを使って説明しています（図4-6(1)）。

ここで、入力電圧Vbeはベース・エミッタ間に印加されますが、それによってベース電流Ibが発生します。このときの抵抗（Vbe/Ib）がhieです。そして、Ibはhfe倍されて出力側に転送され、コレクタ電流Icとなります。すなわち、hfeとは、Ic/Ibのことです。Icは負荷抵抗R_Lを通過し、出力電圧Voとなります。

電圧増幅度Avは、Vo/Vbeから求められます。Voは、入力と同じくグランドに対してプラスと仮定していますが、Icは逆方向に流れるためマイナス値です。つまり、入力された交流信号は増幅と同時に位相が反転されることに注意が必要です。

例として、2SC1815のカタログ[注]によれば、GRランクの場合、V_{CE}＝12V、I_C＝1mAで、hie＝8kΩ、hfe＝300となるので、R_L＝5kΩとしてこれらを代入すると、Av＝－1,875が得られます。

FETの場合

FETのときは図4-6(2)のように動作します。入力側は何の動きもなく、ゲートに印加された電圧Vgに対してμを掛けた値の電圧が出力側電圧源に転送されるだけです。出力側では、ドレイン抵抗rdとの間で分圧された電圧値が負荷に与えられます。

※注：東芝トランジスタシリコンNPNエピタキシャル形（PCT方式）2SC1815データシートより

4-07 [基礎教室] h定数の意味

バイポーラ・トランジスタに適用されるハイブリッド定数

「h定数」の"h"はハイブリッド（hybrid：混成）の略で、何が混成されているかといえば、バイポーラ・トランジスタを、電圧源と電流源それぞれ1個ずつの信号源（エンジン）からなる「等価回路」で表現したものです（図4-7）。最後の"e"は、「エミッタ接地」のEを表します。前節で用いた等価回路は簡易型ですが、図4-7(1)は正式なモデルです。以下、個々のh定数の求め方を説明します（図4-7(2)）。なお、ここでの計器類は「比喩」なので念のため。

hieの求め方

hieは、「入力抵抗」と呼ばれます。入力側の電圧源モデルから"V₂ hre"の部分を消去すると、hieだけが残り、ベースから交流抵抗（インピーダンス）として測ることができます。V₂を消去するには、コレクタをグランドとショートさせればOKです（図4-7(2)の①）。実際には、動作点に影響がないよう、直流的にはショートさせず交流的にのみショートしなければならないので、コンデンサを使います。

hfeの求め方

hfe（電流増幅率）の定義は、コレクタ電流（I_2）をベース電流（I_1）で割った値です。そこで、ベースに電流源を接続してI_1を入れ、このときのI_2を測定して割り返せばhfeが求まります（図4-7(2)の②）。電流計は内部抵抗がゼロとみなせるので、V_2もゼロとなりhreは消えます。また、出力ショート状態のため、1/hoeも消えます。ここでの「ショート」も「交流的に」なので、念のため。

hreの求め方

hreは「電圧帰還率」と呼ばれ、出力電圧の影響が入力に及ぼす割合を表します。具体的には、コレクタにV_2を印加し、そのときベースに表れた電

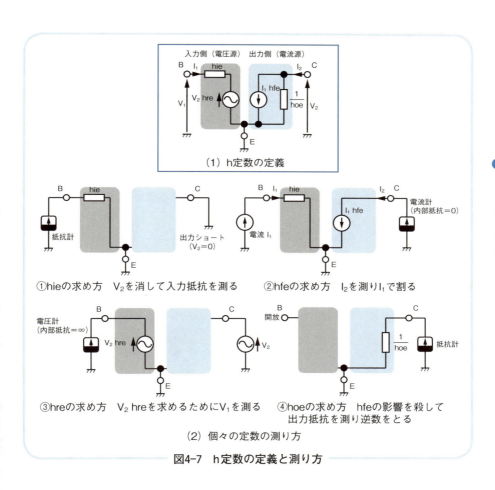

図4-7 h定数の定義と測り方

圧を測定して割り返せば求まります。電圧計は内部抵抗を無限大とみなすため、入力に電流は流れず、hieやhfeは消えます。hoeも計算には入りません（図4-7(2)の③）。

hoeの求め方

hoeは「出力アドミッタンス」と言い、出力インピーダンスの逆数です。入力側の影響をなくするために、測定時には入力端子を解放します。これにより、hoe以外のh定数は消えます（図4-7(2)の④）。

h定数測定の条件

　上記の測定方法については、hieの測定法のところで述べたように、「出力ショート」はコンデンサを使って直流的には影響のないようにするなど、暗黙の条件があります。hreやhoe測定時の入力側「解放」も、同様にコイルなどを利用することが必要になります。

　測定器については、電圧計は内部抵抗無限大、電流計は内部抵抗ゼロが基本です。実際には有限値がありますが、これらに近い状態とみなします。「抵抗計」とあるのは、インピーダンスを測定できる機器です。いずれも、直流的に影響がないようにして測定します。

　以上、「もし測定できれば」という観点から図解してみました。どうやって測定するか考えることで、個々のh定数について理解が深められます。

簡易型モデルのすすめ

　本書では、増幅器は最終的には「多段増幅器」として設計する方針です。したがって、増幅度などは全体調整の中で決めるため、個別の増幅段での値にはあまり精密さが要求されません。このため、h定数の中でもhieとhfeだけ利用する簡易等価回路で説明を進めていきます。

h定数の直流と交流に対する使い分け

　たとえば、h_{FE}は「直流電流増幅率」、hfeは「交流電流増幅率」という具合に、大文字と小文字で使い分けています。この違いは、直流は対象とする「点」の値、交流はその点の「接線」の傾きの値、という微妙なものです。

> **ぷちメモ** ✎ f_T（トランジション周波数）
>
> 　「利得帯域幅積」と呼ばれ、hfeが1になる周波数をいいます。高い周波数 f でのhfeは、f_T を f で割った値になります。

4-08 トランジスタの負荷線と動作点

直流負荷線

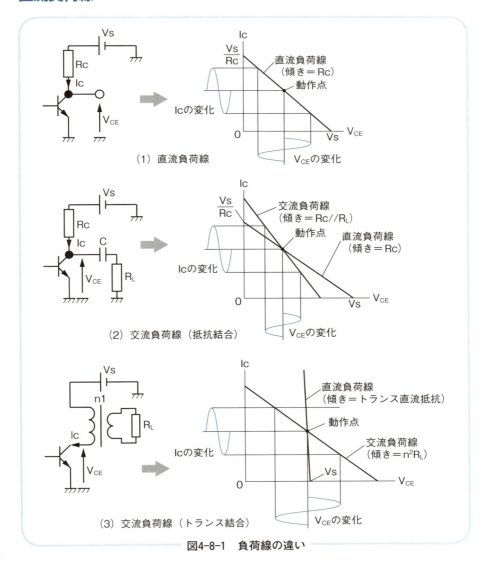

図4-8-1　負荷線の違い

トランジスタは、増幅出力をコレクタ電流（Ic）の変化という形で送り出してきます。そのとき、電流の変化分を負荷に通すと、コレクタ電圧（V_{CE}）の変化となって表れます。変化のないときに止まっている位置が「動作点」です（図4-8-1(1)）。

　直流負荷は電源供給の通路でもあるため、これだけに頼るといろいろ問題が起きます。たとえば、スピーカーが負荷の場合、直流が流れるとコイルが焼けることがあります。焼けないまでも、コーン（振動板）が偏ってひずみを発生するなどの不都合が起きないとも限りません。結論として、ほとんどの場合設計は直流負荷線だけで終わらないと考えたほうがよいでしょう。

交流負荷線（抵抗結合）

　抵抗結合は、基本的な負荷の形態です（図4-8-1(2)）。後続の増幅段に接続する場合にも使われます。コレクタの抵抗Rcは直流負荷線を描き、動作点を決めるのに利用します。この形態では、交流信号に対する動作は、Rcと負荷R_Lが並列になった値（$Rc//R_L$）の傾きを持つ交流負荷線上で行われます。Rcは見た目には直流電源につながっていますが、電源の内部抵抗はゼロであり、交流的にはグランドに接続されているのと同じです。

　この形態では、負荷との間にはコンデンサ（C）が入っているため、負荷に直流が流れる問題は発生しません。問題があるとすれば、負荷線の傾きが電流寄りになり、取り出せる電圧の幅が狭くなります。また、出力のうちRcで消費された分は100％無駄になります。それでもよく使われるのは、パワーの小さい増幅段では消費電力は無視できるからです。

交流負荷線（トランス結合）

　トランスは銅線を巻いたものであるため、直流抵抗が非常に低く、したがって直流負荷線が垂直に近くなります。その線上に動作点があるわけで、さらに動作点をはさんで左右に交流負荷線が広がっていきます（図4-8-1(3)）。直流負荷線が電源電圧Vsから立ち上がる図4-8-1(1)や(2)に比べると、2倍近い振幅を確保できるのがトランスの利点です。コレクタから見た負荷は、n^2倍されて交流負荷線に反映されます。

負荷線の引ける範囲

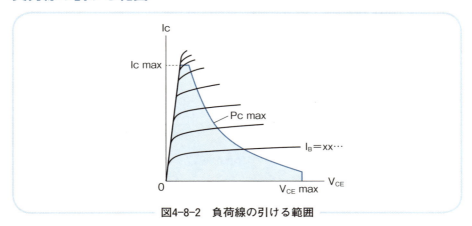

図4-8-2　負荷線の引ける範囲

　負荷線を引くに際して物理的に危険な、あるいは避けるべき領域を除く安全な範囲は、図4-8-2の色塗りした部分です。

・Pc max（最大コレクタ損失）

コレクタ電圧とコレクタ電流の積で、熱破壊から守るために、負荷線はPc max一定ライン（双曲線）の内側に引かなければなりません。

・V_{CE} max（最大コレクタ電圧）

高すぎると漏れ電流が急増して破壊に至ります。

・Ic max（最大コレクタ電流）

これ以上ではh_{FE}が低下して頭打ちになります。

・ニー電圧（飽和領域）

I_Bの値ごとの特性曲線でV_{CE}が低い部分は「肩（ニー）」と呼ばれ、これより下げることはできません。

> **ぷちメモ　直結**
>
> 　電圧配分の工夫によって、コレクタから次段のベースに直接つなげる「直結」が可能になり、これにより結合コンデンサや次段のバイアス抵抗が不要になるなど回路が簡単になります[※注]。負荷線の観点からは、図4-8-1(2)で次段のhieがCやR_Lの代わりにR_Cと並列に入る形です。

※注：4-26節の図4-26-1などです。

4-09 トランジスタのバイアス（上）簡易バイアス

入力側から出力側をコントロールする

　タイトルの「トランジスタ」は、「バイポーラ・トランジスタ」を言います。長くなるので、ここでは短縮しました。FETについては、4-12節で説明します。

　負荷線はトランジスタの出力側の環境を設定するものですが、それに対してバイアスは主に入力側で設定を行います。具体的には、バイポーラではベース電流を決めることで、それが増幅されてコレクタ電流となり、動作点を確定します。

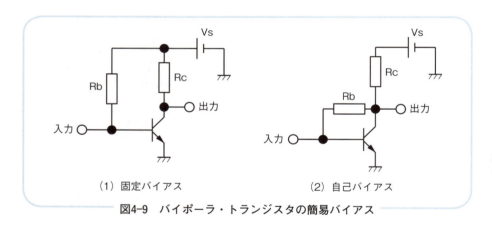

（1）固定バイアス　　　　　（2）自己バイアス

図4-9　バイポーラ・トランジスタの簡易バイアス

もれ電流の影響を減らし安定に動作させる

　バイポーラで発熱を伴う場合、バイアスのもう1つの課題はトランジスタを安定に動作させることです。ベース～コレクタ間は逆方向の電圧が印加されていますが、この部分にはもれ電流（I_{CBO}）が生じ、発熱とともに増大します。ベースに抜けた電流の一部はエミッタへと進みますが、ベース～エミッタ間に再流入した電流は増幅されるので、電流増→発熱→電流増…の悪循環に陥り、最悪の場合「オシャカ」になることがあります。

と、こういった「脅し文句」は設計者を委縮させるもので、過剰な心配は無用です。たとえば、多段アンプの場合、前半の小信号の部分は電流も少なく、指で触れても「冷たい」と感じるくらいです。本当に熱くなるのはスピーカーをガンガン鳴らす終段、あるいはそのドライブ段程度のものでしょう。これらの部分も、ラジエータ（放熱版）の使用と、温度センサーを採用して沈静化できます。

むしろ、動作点など、「設計したとおりの値で動かすにはどうするか」という観点で考えるのが生産的というものです。

固定バイアス

バイポーラ・トランジスタにベース電流を与えるには、NPNの場合、プラス電源から抵抗1本で流し込むのが最も簡単です（図4-9(1)）。ただし、この方法では電流増幅率のばらつきの影響を受けやすく、設計どおりにいきにくいのが問題です。試験的に作るならともかく、商品とするには信頼性に難があります。I_{CBO}に対しても、ほとんど無防備です。

自己バイアス

コレクタ～ベース間に抵抗を入れ、これでベース電流を確保するやり方です（図4-9(2)）。もれ電流の影響でコレクタ電流が増えると、その分コレクタ側の負荷抵抗に流れる電流が増え、コレクタ電圧が下がります。そうすると、そこから電源を取っているベース電流も減るので、結果としてコレクタ電流を減らす方向に作用します。

ただし、この作用は増幅の対象である交流信号に対しても働き、後述の「負帰還」と同じで、出力の一部が入力に逆相で戻される結果、入力信号と打消し合い、増幅度が下がります。その代わりひずみも減るので、アマチュアが試験的にやってみるのには向いています。

欠点としては、入力インピーダンスが低くなり、前段の負荷として重たくなります。

4-10 トランジスタのバイアス（中）電流帰還バイアス

バイポーラ・トランジスタの標準的なバイアス

　バイポーラ・トランジスタで一般的に用いられているバイアスは、「電流帰還型」と呼ばれているものです。これは、ベースの「外堀」を2本の抵抗で固め、「内堀」はエミッタに入れた抵抗で浮かせることで、自己バイアスとは違った形式の負帰還効果を得るものです。ただし、エミッタにはバイパス・コンデンサを入れているので、交流増幅度は低下しません。これが、標準的に利用されている理由です（図4-10）。

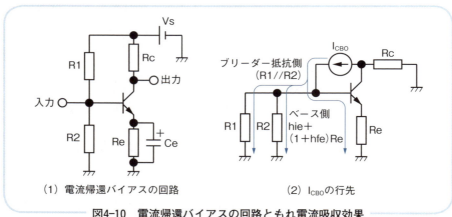

(1) 電流帰還バイアスの回路　　(2) I_{CBO}の行先

図4-10　電流帰還バイアスの回路ともれ電流吸収効果

ブリーダー抵抗でもれ電流を吸収

　もれ電流（I_{CBO}）はいったんベースに出てきますが、これを放置しておくと、ベースからエミッタへと流れ、増幅されて問題を大きくします。そこで、ベース側に「ブリーダー抵抗」と呼ばれる2本の抵抗（R1とR2）の組み合わせで電源電圧を分割して、ベース電圧（V_B）を供給します。この結果、テブナンの定理により、ベースにはR1とR2が並列に入ったのと同じになり、I_{CBO}のかなりの部分が吸収されます。ちなみに、R1 = 30kΩ、R2 =

20kΩとすれば、並列値は12kΩです。

エミッタの抵抗でもれ電流の再流入を阻止

I_{CBO} に由来する残りの電流はベース〜エミッタ間に再流入してしまいますが、それはブリーダー抵抗との「取り合い」の結果によるものです。ベース再流入が問題なのは増幅されるためで、なるべくブリーダー抵抗に消費させるには、ベース〜エミッタ間に行きにくくしなければなりません。

結果的に採られた戦略は、「逆手にとる」方法です。増幅作用が「悪玉（I_{CBO}）」に利用される以前に、設計者が邪魔をすればよいのです。具体的には、エミッタに抵抗（Re）を入れます。4-31節で詳しく説明しますが、ベースから見た入力抵抗はhieのほかに（$1+hfe$）R_eが加わり、$hfe=100$、$Re=2.2$kΩとすれば、増加分だけで約2200kΩにもなります。

B/B比

これとブリーダー抵抗並列値（上の例では12kΩ）との綱引きならば、抵抗値の逆数で配分が決まるため、I_{CBO} はほとんどブリーダー抵抗に吸収されてしまいます。ブリーダー抵抗に対するベース側抵抗（Reの効果を含む）の比率については以下でも議論するため、本書では「B/B比」と呼ぶことにしておきましょう。

設計どおりに動作させるには

以上の手法は、単にもれ電流の影響から逃れるだけでなく、実は設計者の意図どおりに回路を動作させる「奥の手」としても利用されています。すなわち、上述のB/B比が「十分に大きい」ならば、ベース電圧はブリーダー抵抗による分圧に従うので、ベース電流が安定し、増幅を経てコレクタ電流も追随します。その結果、設計した動作点上に落ち着いてくれるのです。

「十分に大きい」目安は10倍以上ですが、近ければそれなりの精度が得られます。倍数があまりとれないときの考え方については、次節で述べます。

4-11 トランジスタのバイアス（下）IBユニットの活用

IBユニットとは

聞きなれない語と思いますが、これは筆者の造語です。ブリーダー抵抗のR1、R2の値をどうすれば簡単に計算できるか、という課題に対する提案です。

前節で述べたように、B/B比が十分に大きければ、分圧比どおりにR1、R2を決定する限り動作点が大きくずれる心配はありません。十分に大きいと言っても、必要以上に大きすぎ（たとえば100倍など）ないよう注意するのみです。

とはいえ、hfeやReが大きくないことはよくあるものです。しかも、パワーが大きく、設計に神経を使う場面で、です。そのようなときでも、簡単に計算できるようにしたい、というのが「I_Bユニット」の目的です。

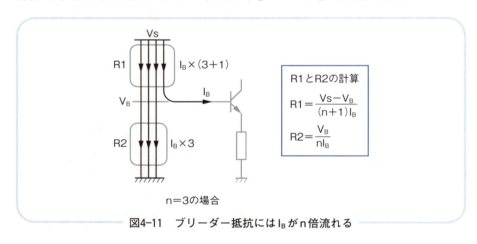

図4-11　ブリーダー抵抗にはI_Bがn倍流れる

ブリーダー抵抗に流れる電流はIBの倍数

図4-11は、ブリーダー抵抗とI_Bとの電流関係を示したものです。ブリーダー抵抗側に属するR2には、I_Bのn倍の電流が流れる様子が見えます。また、R1には、本来のI_Bも加わります。ここで言うnはB/B比とは少し違いますが、

見方を変えただけで傾向が似ていることは確かです。nの値としてB/B比を代入しても、さほど乱暴ではありません。

この条件で、R1とR2の値は図中にある計算式で求められます。普通は2つの変数を同時に求めるには連立方程式を使う必要がありますが、I_Bユニットを利用すれば、2本の抵抗値をそれぞれ1本ずつ電卓で計算できます。

IBユニットの考え方はnが大きくても有効であり、またnは任意の小数点付き正数とすることも可能です。結論として、この考え方は広くブリーダー抵抗を計算するときに利用できます。

ただし、nが1に近いほどブリーダー抵抗の効果が弱いわけで、その場合は4-23節のような方法を考えるべきです。

ぷちメモ　地方での電子部品の入手

　地方では電子部品を扱っている店が少なく、扱っている品種が限定されているなど、製作段階で不利な問題に遭遇しがちです。そのようなとき役に立つのが通信販売で、時間と送料はかかりますが「秋葉原直結」を実現できます。東京に住んでいても、交通費などを考えれば、メリットがある場合が多いのではないでしょうか。

　送料がかかる通販を効果的に利用するには、なるべく合計金額を高くすることが有利であることは言うまでもありませんが、特にまとめ買い価格の設定されている品種ならば、実質単価は激安になりおトクです。これによる部品のストックが、後で意外に役立ったりします。

　秋月電子[※注]は、1970年秋葉原に開店しました。直後に訪問しましたが、ジャンク品を見ていると店員のご年配の女性が話かけてきて、「楽しいねえ！」と言っていたのが印象的です。現在では通信販売が8割ということですが、同店のページは激安の情報が満載。依然、人気の高いことが伺われます。品揃えも豊富で、本書で取り上げた品種の多くはここで調達できます。

※注：秋月電子のURLは次の通りです。http://akizukidenshi.com/catalog/

4-12 FETのバイアス

負荷線はバイポーラと同じ

FETの場合の負荷線は、バイポーラと同じく4-8節のように考えます。出力の電極は、普通はドレインです。

接合型FETなどの自己バイアス

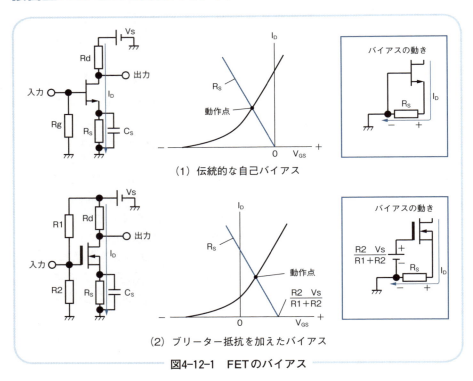

図4-12-1　FETのバイアス

接合型FETでは、通常、ドレインの極性とは反対方向にバイアスをかけます。ドレインがプラスならばゲートにはマイナスを、という関係です。このために別途マイナス電源を設置するのは大変なので、真空管時代から使わ

れてきた古典的手法「自己バイアス」を利用して作り出すのが普通です（図4-12-1(1)）。ただし、4-9節で述べた自己バイアスとは異なります。図は、左からバイアスを適用した回路、動作点のグラフ、バイアスの働きの順に説明しています。この形式は、MOS型デプレッション・タイプで逆極性のバイアスを利用する場合にも適用可能です。

　自己バイアスでは、ドレイン電流I_Dがソースにある抵抗R_Sを通る際に発生する電圧を利用します。このときソースが抵抗Rgを通じてグランドにつながっているので、ゲートにマイナス、ソースにプラスの極性で逆転印加されます。グラフ中の抵抗R_Sによる直線はI_Dにより発生する電圧との関係を示すため、FETのV_{GS}（ゲート～ソース間電圧）$-I_D$特性との交点（同時に満足する点）が動作点となります。

　コンデンサC_Sは、R_Sにより交流信号が減衰しないようバイパスするためのものです。

ブリーダー抵抗を加えたバイアス

　MOS型FETのエンハンスメント・タイプなどでは、$V_{GS}-I_D$特性がグラフの第1象限に入るため、第2象限に引いていたR_Sによる自己バイアスが適用できません。そこで、ブリーダー抵抗で正電圧を加え、グラフの右（プラス方向）へ寄せていきます（図4-12-1(2)）。

　FETの特性は自由になりませんが、ブリーダー抵抗は設計者の意思が反映できるので、広範囲に応用が利きます。たとえば、接合型FETについてもRsを使用する前提でブリーダー抵抗が使えます。そのとき、ソース電圧がゲート電圧より高いところに落ち着くだけです。

ブリーダー抵抗の役目はバイポーラと異なる

　一見、ブリーダー抵抗を使用した回路はバイポーラの電流帰還バイアスと似ていますが、FETではもれ電流が熱破壊に導くような構造になっていないため、単に分圧のことだけ考えれば十分です。

● FETの等価回路 ●

　FETの増幅回路に関係する記号と定数には、次のものが使われています。電圧源と電流源は、テブナンの定理、ノートンの定理で変換できます。

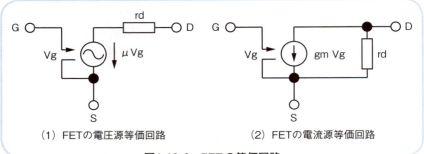

（1）FETの電圧源等価回路　　　（2）FETの電流源等価回路

図4-12-2　FETの等価回路

・ゲート入力
　入力線2本のうちゲートに接続されているものに矢印（→）を付け、ソース側には付けないことで区別します。
・ドレイン抵抗（rd）
　出力側の内部抵抗です。
・相互コンダクタンス（gm）
　出力側を電流源で描くとき、出力電流を入力電圧で割った値です。ただし、出力電流は、出力端子（D）を交流的にショートする（グランドに落とす）ように測ります。
・電圧増幅度（μ）
　出力側を電圧源で描くとき、出力電圧を入力電圧で割った値です。ただし、負荷抵抗が交流的に無限大（端子解放と同じ）という前提です。
　　　$\mu = gm \cdot rd$
の関係があります。

4-13 エミッタ接地

バイポーラ標準はエミッタ接地

「接地」は英語で"common"となっており、トランジスタの3本の端子のうち入出力共通線とするものを言います。「グランド（ground）」という言い方もあります。

バイポーラ・トランジスタではエミッタ接地が標準であり、hieとかhfeの最後の"e"はエミッタ接地での定数であることを示しています。実際、「ベース接地のh定数」がどうとかいう議論はあまり聞いたことがなく、一般的ではありません。しかし、他の接地形式が使われることがそれほど珍しいわけでもないので、単にエミッタ接地のh定数に統一すれば比較しやすいだけのようです。

後で述べるように、この段階で精密すぎる計算は意味がないので、以下、簡易等価回路（図4-13-1(1)）でhieとhfeのみを使用して試算します。

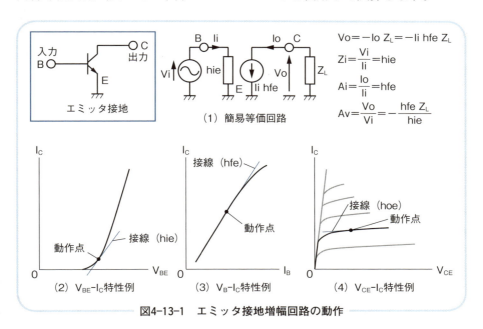

図4-13-1　エミッタ接地増幅回路の動作

低い入力インピーダンス（Zi）

入力電圧（Vi）を入力電流（Ii）で割った値です。概算（hreを無視）ではhieと同等です。hieの物理的な意味は、V_{BE}-I_B特性のグラフ（図4-13-1(2)）で、動作点での「接線」の傾きに相当します。h定数が「小信号定数」と呼ばれることがあるとおり、入力特性は曲がっていても、小信号では接線近似して直線とみなして計算します。

高い電流増幅度（Ai）

出力電流（Io）を入力電流（Ii）で割った値で、概算（hoeを無視）でhfeと同等です。hfeはI_B-I_C特性の動作点での「接線」の傾きに相当します（図4-13-1(3)）。この特性は比較的直線に近いことが多く、うまく利用するとひずみの少ない増幅器が作れます。

直流入力抵抗h_{FE}は、単に動作点のコレクタ電流をベース電流で割っただけの値です。

電圧増幅度（Av）高く極性反転

入力電圧（Vi）を入力インピーダンス（hie）に印加して生じた入力電流（Ii）は電流増幅度（hfe）倍されて出力電流（Io）となり、それが負荷抵抗（Z_L）に流れ出力電圧（Vo）に変換されます。この過程で、電圧増幅度（Av）は

$$Av = Vo/Vi = -hfe \cdot Z_L/hie$$

で求められます。マイナスが付いているのは、入力に対して出力の位相が反転していることを意味します。

高い出力インピーダンス（Zo）

出力端子に外部から電圧（Vo）を印加したとき、得られた電流（Io）で割った値です。h定数では、およそ1/hoeに相当しますが、簡易等価回路では無限大として扱われています。hoeの物理的な意味は、出力特性のグラフで、ベース電流一定時のV_{CE}-I_Cカーブにおいて動作点での接線の傾きの逆数を取ったものです（図4-13-1(4)）。

エミッタ接地増幅回路の従属接続

エミッタ接地は、出力インピーダンスが高く（電流源に近い）、I_B–I_C特性の直線性がよいことから、増幅回路を複数段接続して、増幅度の高いアンプを構成するのに適しています。もし出力インピーダンスが低いと電圧駆動となって、次段ではI_B–I_C特性以前にV_{BE}–I_B特性が働いてしまい、ひずみが顕著になります。増幅器とは、もともと曲がった特性を直線近似して動かしているにすぎないからです。

● シールド線 ●

図4-13-2　シールド線の構造

　シールド線は、芯線を中心に内被の外を網線が覆い、外部電界から遮蔽する構造をしています。これによって広範囲に周辺の浮遊容量から隔絶し、雑音の混入を防ぐ効果があるため、入出力端子と基板との間の配線などに欠かせない存在です。しかし、構造上、絶縁性の内被を誘電体としてコンデンサを形成し、1mあたり100〜200pFの容量値を持つと言われています。幅があるのは、メーカーや製品によって規格が統一されていないからです。これで不都合が起きるかどうかは、シールド線が形成する高域減衰回路の遮断周波数次第です。

　類似の構造を持つものとして、TVのケーブルなどに使われている「同軸ケーブル」があります。これらの1mあたりの容量値は、JISにより、3C-2Vなど75Ω規格のものは67pF、50Ω規格ものは100pFと規定されています。ただし、芯線は単線であり、内被が肉厚なためフレキシブルとは言えません。

4-14 コレクタ接地

コレクタ接地はインピーダンス変換器

　コレクタを共通線とし、ベースを入力として、エミッタから出力する接続です（図4-14(1)）。図ではコレクタがグランドにつながっています（②）が、これはあくまで「交流的に」であって、NPN型の場合直流的にはプラス電源に接続されています。別名、「エミッタ・フォロワ」とも呼ばれます。

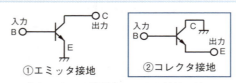

(1) エミッタ接地とコレクタ接地の違い

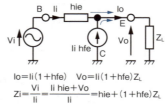

$I_o = I_i(1+h_{fe})$　　$V_o = I_i(1+h_{fe})Z_L$

$Z_i = \dfrac{V_i}{I_i} = \dfrac{I_i h_{ie} + V_o}{I_i} = h_{ie} + (1+h_{fe})Z_L$

$A_i = \dfrac{I_o}{I_i} = 1 + h_{fe}$

$A_v = \dfrac{V_o}{V_i} = \dfrac{V_o}{I_i h_{ie} + V_o} \fallingdotseq 1$

(2) 入力インピーダンスと増幅度の算定

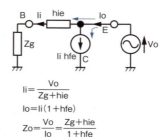

$I_i = \dfrac{V_o}{Z_g + h_{ie}}$

$I_o = I_i(1+h_{fe})$

$Z_o = \dfrac{V_o}{I_o} = \dfrac{Z_g + h_{ie}}{1 + h_{fe}}$

(3) 出力インピーダンスの算定

図4-14　コレクタ接地の動作

極めて高い入力インピーダンス（Zi）

　簡易等価回路（図4-14(2)）で得られたZiの計算式からさらに要約してみると、入力インピーダンスはざっと負荷Z_Lのhfe倍になり、非常に高い値が得られます。

電流増幅度（Ai）

　約hfe倍で、エミッタ接地の場合とほぼ同等です。

電圧増幅度（Av）

　約1倍であり、電圧増幅効果はありません。ただし負荷が重たいときは、1より小さくなることがあります。

抜群に低い出力インピーダンス（Zo）

　出力インピーダンスは、入力の信号源インピーダンスの影響を受けます。負荷から見れば出力回路は「電源」であり、電源の内部抵抗（Zo）は別な電源を接続して測定することができます。図4-14(3)では電圧源（Vo）を外部から供給し、それに対する電流（Io）で割り返して求めています。

　結果をさらに要約すると、出力インピーダンスは信号源インピーダンスをhfeで割った値となり、極めて低い結果が得られます。これを利用して、コレクタ接地をバッファ（緩衝増幅器）として配置して、スピーカーのような低抵抗負荷の駆動段とすることが行われています。

ぷちメモ 🖉 **トランジスタの「ジェネリック」**

　薬の「ジェネリック」は、特許切れなどで他社が安価に販売できるようになって実現しました。同様に、トランジスタでもオリジナルを発売してきたメーカーが該当品種の「廃止」などで他社の製造・販売を認め、「セカンド・ソース」として安価に販売されているケースがあります。東芝2SC1815のセカンド・ソースが台湾のユニソニック・テクノロジーから販売されるなど、人気の品種が対象になることが多く、たとえば秋葉原の秋月電子で10本まとめ買い単価5円（本稿執筆時点で抵抗器より安い）という価格は衝撃的です。

4-15 ベース接地

ベース接地は特殊な用途向き

　ベース接地はベースを共通線とし、エミッタを入力として、コレクタから出力する接続形態です（図4-15（1）の②）。

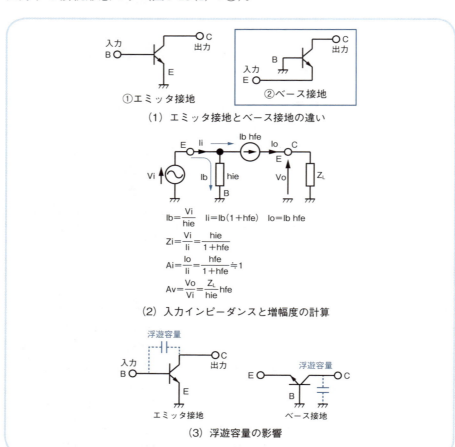

図4-15　ベース接地の動作

非常に低い入力インピーダンス（Zi）

大雑把にいえばhieをhfeで割った値であり、極めて低いと言わざるをえません。それぞれ5kΩ、200とすれば、25Ωとなり、前段があるとすればその負荷としては最悪の部類です。

電流増幅度（Ai）

約1倍であり、電流増幅効果はありません。

電圧増幅度（Av）

エミッタ接地並みの電圧増幅度があります。出力が逆相になることはありません。

出力インピーダンス（Zo）

コレクタに外部電圧源を接続しても、簡易等価回路では電流源（内部抵抗無限大）に接続されるだけであるため、エミッタ接地と同様、無限大です。

高周波特性に優れる

ベース接地は、インピーダンスの観点からはマニアックなレベルです。

同時に、コレクタ〜ベース間の浮遊容量のはたらきに関して抑制的な効果があります。具体的には、エミッタ接地では位相反転された出力が浮遊容量を通じて入力にフィードバックされ、相殺されて高域で増幅度を落としますが、ベースをグランドにつなげば浮遊容量の接続先がグランドに変わり、入力側で「悪さ」するのを防ぐことができます（図4-15（3））。ただし、出力側で負荷抵抗と高域減衰回路を形成することは致し方ありません。それも、入力側にフィードバックされるのに比べれば軽微です。詳しいことは、4-17節で説明します。

4-16 FETの接地方式

バイポーラと同様な傾向

　FETの各接地方式のインピーダンス、増幅度などは、ゲート＝ベース、ソース＝エミッタ、ドレイン＝コレクタと読み替えれば、バイポーラと同様な傾向にあります。

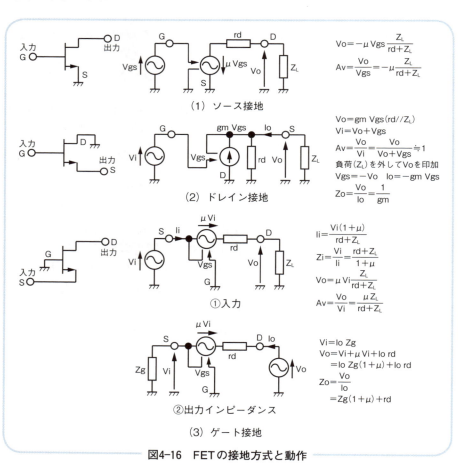

図4-16　FETの接地方式と動作

ソース接地

　FETの標準的な接地方式です。ゲートが絶縁（MOS型）されていたり、空乏層で事実上の絶縁状態（接合型）になっているためゲートに電流が流れないので、ゲートを入力とするソース接地では、「電流増幅度」に相当する項目はありません。

・入力インピーダンス（Zi）：
　無限大です。

・電圧増幅度（Ai）：

$$- \mu \frac{Z_L}{rd + Z_L}$$

として計算できます。位相が反転します。この式は

$$- gm \ (rd//Z_L)$$

とも書けます。

・出力インピーダンス（Zo）：
　負荷（Z_L）を外して外部から見れば、rdと同等です。

ドレイン接地

　ドレイン接地でも、ソース接地と同じ理由で、「電流増幅度」に相当する項目はありません。別名、「ソース・フォロワ」とも呼ばれます。

・入力インピーダンス（Zi）：
　無限大です。

・電圧増幅度（Av）：
　約1であり、増幅されません。

・非常に低い出力インピーダンス（Zo）：
　負荷（Z_L）を外して外部から見れば、1/gmに見えます。

ゲート接地

　バイポーラのベース接地に似ています。低い入力インピーダンスが用途を限定しており、単独で使われることは稀です。ドレイン〜ゲート間の浮遊容量が、ゲートからグランドに落とされる効果もベース接地と同様です。

・非常に低い入力インピーダンス（Zi）：
　負荷（Z_L）の影響を受けます。ドレイン接地の出力インピーダンス並みの

低い値です。

・電流増幅度（Ai）：

　入力のソースと出力のドレインの電流が等しいため1であり、増幅されません。

・電圧増幅度（Av）：

　ソース接地と絶対値が同じ増幅度

$$\mu \frac{Z_L}{rd + Z_L}$$

が得られます。位相の反転はありません。ソース接地のときと同様、

$$gm(rd//Z_L)$$

とも書けます。

・出力インピーダンス（Zo）：

　負荷（Z_L）を外して、入力に信号源インピーダンス（Zg）を与え、外部から電流Ioを流して出力端子の電圧Voを調べます。結果は、およそZgがμ倍されていることがわかります。

4-17 カスコード接続

いわば「拡張ベース接地」

　ベース接地は単独で用いられるのは珍しく、エミッタ接地と組み合わせる「カスコード接続」で利用されるのが普通です（図4-17）。いわば、「拡張ベース接地」です。

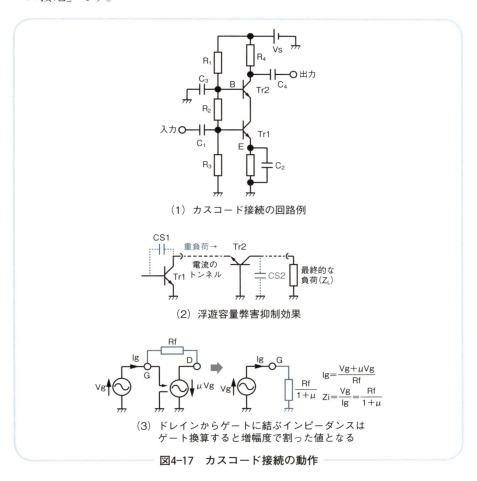

(1) カスコード接続の回路例

(2) 浮遊容量弊害抑制効果

(3) ドレインからゲートに結ぶインピーダンスは
　　 ゲート換算すると増幅度で割った値となる

図4-17　カスコード接続の動作

回路は、図4-17(1)のようにTr1がエミッタ接地で受け、コレクタ電流をベース接地のTr2エミッタに渡します。そして、最終的にはTr2の出力としてZ_Lに吐き出します。この過程で、Tr1のコレクタ電流は、Tr2をトンネルとしてほとんど全部Z_Lに行きます。

したがって、電流増幅度、電圧増幅度のいずれも、あたかもTr2がないかのように計算できます。入力インピーダンスも同様にhieのままです。ただ、出力インピーダンスはベース接地であるTr2の値で、無限大となります。

浮遊容量の弊害を抑制

単に増幅の倍率だけ見ているとメリットはほとんどありませんが、図4-17(2)のように、浮遊容量の影響を大幅に軽減する効果はあります。

Tr2のベース接地の効果については4-15節で説明しましたが、Tr1についても別な形で効果が表れます。すなわち、後段のベース接地の極めて低い入力インピーダンスがエミッタ接地（Tr1）の負荷になることで、前段の電圧増幅度を非常に低いものにします。ベースから見れば、浮遊容量は電圧増幅度倍されたように働きますが、この場合増幅度が非常に低いことから、悪影響は大きく軽減されます。

途中の電圧増幅度こそ極めて低いものの、次段の増幅度は大きいため、Tr2は無駄にはなりません。

浮遊容量の問題を検証

図4-17(3)では、FETをモデルに、rdをゼロとして、ドレイン（出力側）からゲート（入力側）にまたがるインピーダンス（Rf）がどのように影響するかを検証しました。結果として、入力インピーダンスはおよそ増幅度（μ）で割った値に低下し、コンデンサなら容量が増幅度倍されることになります。バイポーラの場合はhieなどが入って計算が面倒になりますが、傾向は同様です。

4-18 ダーリントン接続

コレクタ接地の段重ね

ダーリントン接続は、コレクタ接地の段重ねです（図4-18）。電流増幅率など、飛びぬけた値を得ることができます。

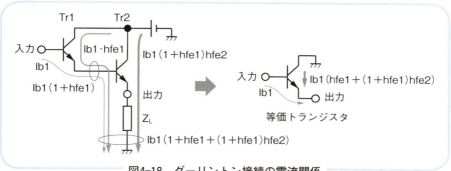

図4-18　ダーリントン接続の電流関係

絶縁体に接近した入力インピーダンス（Zi）

コレクタ接地の入力インピーダンスはおおむね負荷（Z_L）のhfe倍ですが、2段重ねするとhfe^2になります。hfeが大きい場合、真空管でよく見られたアンプの「入力インピーダンス1MΩ」は軽々とクリアでき、「バイポーラ・トランジスタはインピーダンスが低い」といわれた問題点は解消されます。

電流増幅度（Ai）

図を見ると明らかですが、初段（Tr1）のベース電流（Ib1）は、（1＋hfe1）倍されてエミッタから次段（Tr2）のベースに送られます。その値はさらに（1＋hfe2）倍され、結果として負荷にはざっとhfe1×hfe2［倍］の電流が押し寄せます。

電圧増幅度（Av）

コレクタ接地単体では1ですが、2段重ねしても1^2で1のままです。

スピーカー駆動も対応できる出力インピーダンス（Zo）

コレクタ接地では、入力につながる前段の内部インピーダンス（Zi）が約1/hfeになって見えるという結論でした。ダーリントン接続では2段重ねなので、

$$\frac{Zi}{hfe1 \cdot hfe2}$$

となります。

Ziを低い値に設計すれば、Zoはスピーカーでよく見られる8Ωなどに比べても低くなり、「直接駆動」が普通の世界に入ります。

4-19 インバーテッド・ダーリントン接続

等価トランジスタを作る

　ダーリントン接続では、2つのトランジスタを合成することで巨大なhfeのトランジスタが作れます。同じことをNPNとPNPの組み合わせで実現したのが、インバーテッド・ダーリントン接続です（図4-19）。入出力インピーダンスや電流・電圧増幅度は、おおむねダーリントン接続と同じです。
　図では、Tr2のコレクタが、等価トランジスタのエミッタの中核に変化しています。

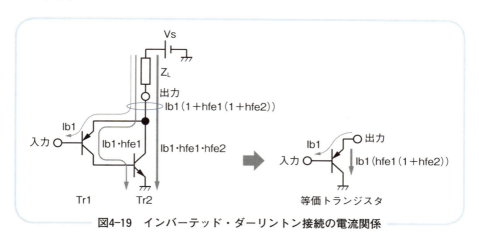

図4-19　インバーテッド・ダーリントン接続の電流関係

ダーリントン接続に近い電流増幅度（Ai）

　入力端子にIb1の電流が流れたと仮定して計算した結果のエミッタ電流は、ざっとhfe1×hfe2倍された値で、細かく見てもダーリントン接続の値に接近しています。

4-20 コンプリメンタリSEPP

SEPP（シングル・エンディッド・プッシュ・プル）とは

　プッシュ・プル（Push-Pull）とは、大木を切り倒す際、両側に取手の付いたノコギリを2人で交互に引く動作から来ていると言われています。トランジスタならば、2石または2組が協調してそれぞれ逆方向に働く様子に該当します。その場合、出力が1本（SE：シングル・エンド）となるように動作させるためには、信号の極性に応じた配分と合成が必要ですが、NPNとPNPの違いを利用すればいとも簡単に対応できます（図4-20）。

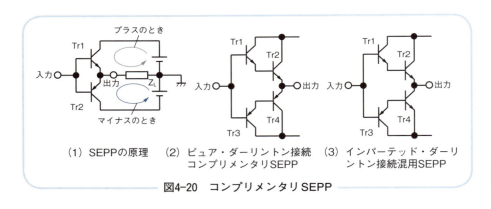

図4-20　コンプリメンタリSEPP

コンプリメンタリとは

　コンプリメンタリ（complementally）は、トランジスタ回路の分野では「相補対称」と訳され、バイポーラ・トランジスタでいえばNPN型とPNP型それぞれhfeなど統一された仕様で製造された組み合わせを言います。目的は、SEPPなどのためです。

　他方、単にNPN型とPNP型を併用してインバーテッド・ダーリントン接続を組み「コンプリメンタリ・ダーリントン」と称した例も見かけます[注]。

※注：「対称」でないのに「コンプリメンタリ」と呼べば混乱を招くので、本書では本来の呼び方を採用します。

SEPPの動作原理

SEPPの出力動作はコレクタ接地そのものであり、簡単です。図4-20(1)ではバイアスなどを省略していますが、動作は次節で述べる「B級」と仮定して説明します。Tr1とTr2共通の入力端子から入ってきた交流信号のうち、プラスの部分はTr1が受け取り、電流を約hfe倍して出力に送ります。マイナス部分はTr2が受け取り、ここでも電流を約hfe倍して出力に送ります。そして、これらは共通の出力端子で合成され、つながった信号として負荷（Z_L）が受け取ります。

ピュア・ダーリントン接続コンプリメンタリ SEPP

NPNとPNPそれぞれ純粋なダーリントン接続を組んだコンプリメンタリSEPPです（図4-20(2)）。今日コンプリメンタリ仕様のトランジスタは豊富にあるので、これが標準となっています。オーディオ・アンプを製作する場合は、出力波形の対称性がよく、理想的なパワー・アンプが設計できます。

インバーテッド・ダーリントン接続混用 SEPP

やむを得ず、終段だけ限定されたトランジスタを使わざるを得ないなどの事情で、インバーテッド・ダーリントン接続を混用した例です（図4-20(3)）。パワーはありますが、回路の上半分と下半分（プラスとマイナス）が微妙に異なるので、ピュアであることが求められる高級アンプには使われません。ただし、普通は、聴いてわかるほどの違いが出ないのも事実です。

4-21 [基礎教室] A級とB級

A級・B級・AB級の違い

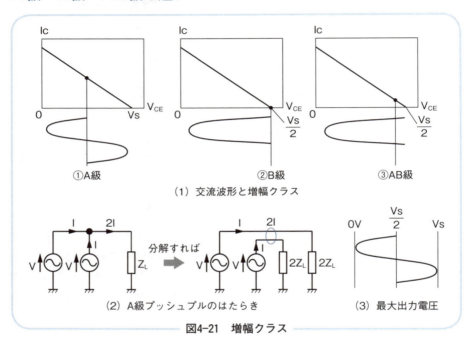

図4-21　増幅クラス

　増幅回路は普通交流の全波形をカバーしますが、波形の半分など区切って分担する方法もあります。ここでは、SEPPとの関連で、プッシュ・プルの場合について説明します。

・A級増幅

　一般的な形で、動作点を負荷線の中ほどに設定し、交流信号の全体にわたってカバーする増幅クラスです（（図4-21(1)）の①）。プッシュ・プルでは2つのアンプが同時に同じ信号を増幅するので、片側だけ見ると、あたかも負荷（Z_L）のインピーダンスが2倍になったかのような軽い動作となります（（図4-21(2)））。

　高級アンプとされていますが、問題点としては、動作点の電圧・電流積

（消費電力）が負荷線上で最大に近く、無信号でもその状態を維持する点です。発熱に注意する必要があります。

・B級増幅

交流信号のプラスとマイナスについて、どちらか一方だけ増幅する形態です（（図4-21(1)の②）。前節の説明は、この形に基づいています。プッシュ・プルでは、交流信号のプラス・マイナスを交互に分担することになります。非常に歓迎すべき点は、無信号のとき電流は流れず、出力が大きいときしか発熱しません。

ただ、大きな問題は、「クロス・オーバー」すなわちプラス・マイナスが交差するポイントでV_{BE}-I_B特性の電流が低い部分に重なり、ひずみが発生します。このため、オーディオ・アンプなどには向きません。

・AB級増幅

B級増幅の欠点を解決するため、クロス・オーバー付近だけA級になるよう設定したものです（（図4-21(1)の③）。動作点は負荷線上でコレクタ電流の比較的少ないポイントに置いているため、発熱は「ほのかに暖かい」レベル。クロス・オーバーひずみもないため、多くのオーディオ・アンプで採用されています。

アンプの最大出力

アンプに正弦波を入力したとき、波形がひずんでも構わず出力の最大値をとったものが「最大出力」、ひずまないギリギリのところが「無ひずみ最大出力」です。定電圧電源を使用していないアンプでは、出力を上げると電源電圧が下がりますが、下がらないうちに瞬時にとった最大値は「ミュージック・パワー」と呼ばれます。これは事実上測定が難しいので、外部に別途定電圧電源を接続して測ります。

電圧値が決まれば、図4-21(3)のようにSEPPではA級であれB級であれ最大振幅は電源電圧（Vs）の範囲内なので、無ひずみ最大出力電圧（E）は、電源電圧の半分と実効値換算で$Vs/2\sqrt{2}$となります。したがって、無ひずみ最大出力電力はE^2/Z_Lで求められます。

4-22 [基礎教室]カレント・ミラー回路

電流をコピーできる回路

　図4-22は、「カレント・ミラー」と呼ばれている回路で、Tr1に入り込む電流Irefが、Tr2やTr3…の出力電流（Io）に「反映」する（等しくなる）特徴があります。

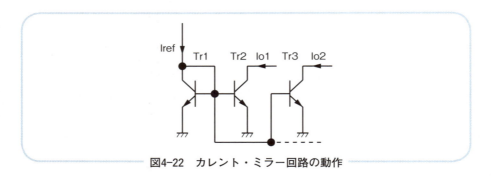

図4-22　カレント・ミラー回路の動作

　これは、Tr1やほかのトランジスタのh_{FE}やh_{IE}などが等しいと仮定しての話です。その上で、Tr1において、Irefは1：h_{FE}の比率でベース電流（I_B）とコレクタ電流（I_C）に分かれますが、このとき、入力側ではV_{BE}-I_B特性に従ったV_{BE}の値になっています。そのV_{BE}がTr2やTr3のベースにつながっているので、特性の同じTr2やTr3でも同じ出力電流が得られ、
　　　Iref＝Io1＝Io2…
となるはずです。このようにすれば、Irefに等しい電流値を1箇所または複数箇所で再現できます。

4-23 [基礎教室] 温度補償バイアス

温度センサーとバイアスを兼ねる

　温度に対する安定性を得るために、電流帰還バイアスではもれ電流を分流して悪影響を除去しています。しかし、バイポーラ・トランジスタには温度上昇によってV_{BE}-I_B特性がベース電圧の低い方向に移動する問題もあって、コレクタ電流を増加させる原因の1つになっています。ともあれ、このことについてもエミッタに高抵抗を入れることで解決されています。

　ところが、アンプの終段のように電流の大きいところでは、エミッタに大きな抵抗を入れる余裕がありません。そこで、図4-23(1)のように半導体温度センサーを使って、

　　　　温度上昇→ダイオードの端子電圧低下→V_{BE}低下

の流れで補正するように設計するのが普通です。ここでは、ダイオードを電流帰還バイアスのR2の代わりに使っています。そして、熱がよく伝わるよ

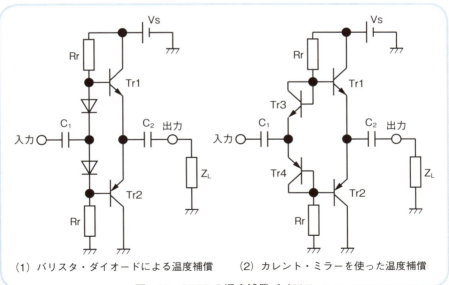

（1）バリスタ・ダイオードによる温度補償　　（2）カレント・ミラーを使った温度補償

図4-23　SEPPの温度補償バイアス

うに、隙間にシリコン・グリースを塗り、ダイオード本体とTr1やTr2を接触させます。

トランジスタをセンサーとして利用

最近のようにトランジスタが激安になると、ダイオードの方が高くつきます。そこでトランジスタをダイオードの代わりに使用すると、バイアス回路は図4-23(2)のようにカレント・ミラーになります。このようにして、Tr1にTr3を接触させ、熱的に結合させるわけです。

抵抗値の計算

図4-23(2)はカレント・ミラーなので、終段の動作点コレクタ電流が決まれば、全体の電源電圧の半分からV_{BE}を差し引いた値を割り返して抵抗値Rrが決められます。A級では電流が大きくなって大変ですが、AB級なら問題なく対応できます。計算結果は、

$$Rr \ll hfe \cdot Z_L$$

ならば出力の振幅が十分にとれます。そうでない場合は、hfeが不足していると考えられます。

単一電源と2電源

本節の図は、単一電源でSEPPに対応できるサンプルを兼ねて描いています。このためコンデンサC_1で直流をカットして入力し、出力も同様にC_2を経由しています。4-20節では2電源で描いていて、負荷に直結していますが、単一電源ではC_2に電源電圧（Vs）の半分の電圧を蓄え、あたかも2電源と同等に動作しています。

単一電源はコストの理由でよく採用されますが、電源オン・オフ時にコンデンサを充・放電するたびに「通路」となるスピーカーのコーンが揺れます。2電源でも充放電電流は生じますが、極性が反対のコンデンサ同士で電流が打ち消し合い、対称構造のアンプではコーンの揺れは目立ちません。

154

4-24 [SEPP] 電圧増幅回路

電圧増幅回路の追加

　SEPPについてこれまで説明してきた内容は、終段の電流増幅回路とその関係部分です。このままメイン・アンプとして利用するにはプリ・アンプの出力レベルと段差が大きいので、さらに電圧増幅を加える必要があります。

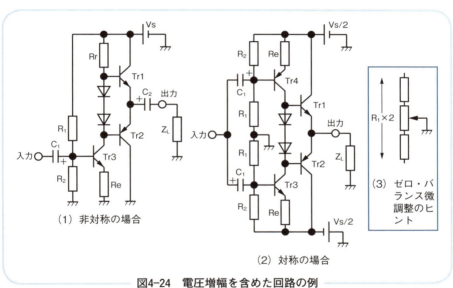

図4-24　電圧増幅を含めた回路の例

非対称の場合

　図4-24(1)は電圧増幅回路をシングルで構成する場合の回路例で、Tr3は電流帰還バイアスを採用しています。コレクタは終段に直結しており、hfe倍されたZ_LとRrが並列に負荷となります。Reは、大きいとその分だけ電源電圧の利用幅が少なくなるので、設計時にはほどほどにしておきます。

　単一電源でも出力のセンター（電源電圧Vsに対する中点）決めは必要で、ずれている場合はR_1かR_2を微調整（増減）して合わせます。センターを確

認する方法として、テスターで電圧値を調べる場合はVsの半分にするのがわかりやすいですが、オシロスコープなど波形を確認する機材がある場合は、対称波形の振幅を最大にできる点にするのがベストです。

対称型の場合

オーディオ・アンプでは、波形のプラス・マイナスを意識して、図4-24(2)の例のように対称に設計することが少なくありません。2電源とし、電圧増幅もNPN側だけでなくPNP側も並行しています。入力にはC_1を2個使い、それぞれTr3とTr4につなぎます。

ゼロ・バランス調整は、電源側かグランド側かいずれかのR_1を微調整します。2個のR_1の値の一部を削って、可変抵抗を入れる方法もあります（図4-24(3)）。スピーカーを接続するのは、テスターで直流出力ゼロを確認した上で行います。非対称の場合はコンデンサで直流がカットされるため、センターが少々ずれていても動作上それほど支障はありませんが、直流まで出力できるアンプの場合、センター外れはスピーカーやトランジスタの破壊につながる恐れがあるので注意が必要です。

暫定注意！！

図4-24(2)の回路はあくまでSEPP設計の中間過程であって、全体としては未完成なものです。回路の起動後、安定した段階（定常状態）では正しく動作できますが、電源オンの瞬間には、2つのC1を充電するため、終段に至るまで大きな電流が流れます[※注]。回路設計は定常状態を念頭に行いますが、場合によっては電源オンなど特別な状態での危険性も吟味する必要があります。

※注：瞬時ではありますが危険なため、4-27節の図4-27(2)の保護回路を付加するまで、この回路のテストは避けた方が賢明です。

4-25 [SEPP] 差動増幅回路

正相逆相入力端子を持つ増幅器

　これまで言及した増幅回路は、入力端子とグランドとの組み合わせで入力していました。出力についても、出力端子とグランドとの組み合わせでした。しかし、ここで取り上げるアンプは、入力端子が2本、グランドも含めると入力に関わる端子が3本のアンプです。出力端子についても、2本＋グランドという構成です（図4-25-1(1)）。

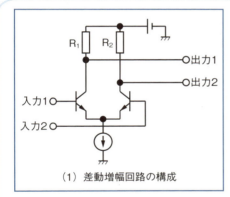
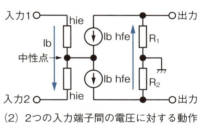

図4-25-1　差動増幅回路の構成と動作

2本のトランジスタと中性点

　回路の特徴は、2本のトランジスタがエミッタ同士を接続して、ここを「中性点」として利用していることです。中性点はグランドに対して定電流回路を経由して接続しているので、その間は交流的に絶縁（内部抵抗が無限大）されています。このポイントは出力側でも中性であり、結局交流的に「浮いている」状態です。

　この様子を等価回路の図4-25-1(2)で確認すると、2つの入力端子にかかる電圧の差でベース電流Ibが生じますが、入力1の側ではプラスとして扱

われ、入力2の側はエミッタからベースに抜けるのでマイナス入力として増幅されます。たとえば入力1が3V、入力2が2Vならば、それぞれ2V分が打ち消されて、入力1から1Vだけ入力されたかのように扱われます。

　また、入力1と入力2が等しいときは差がゼロであり、増幅結果もゼロとなります。このような動作は、エミッタに入っている定電流回路の絶縁効果によりIbの行き場が限定され、おかげで2本のトランジスタに、それぞれ極性が反対で大きさの等しい電流が入力されるからです。

2本の出力端子に同相と逆相の出力

　差動増幅回路のもう1つの特徴は、出力1端子からは逆相、出力2端子からは正相の、大きさが等しい増幅結果が出力されることです。

CMRR

　以上の説明は、差動増幅回路が理想どおり動作しているという前提でのものです。実際には2つの入力端子に同じ電圧を入力してもわずかに出力が出たりします。性能を表す指標として、CMRR（Common−Mode Rejection Ratio：同相信号除去比）などがあります。

ノイズ除去効果

　差動増幅回路の2本の入力線に同じノイズ電圧が入った場合、同相信号除去作用が働いて消し合う効果があります。

対称型の場合

　差動増幅回路は、出力の「位相」という点では対称的にできていますが、NPNとPNPという「相補対称」の観点からは偏っています。すなわち、位相については正相/逆相の組み合わせで2個1組のトランジスタを要しましたが、NPN以外にPNP型の側も2個1組追加する必要があるということです（図4-25-2(1)）。

　そして、図4-25-1(1)の回路では、出力2はNPNの入力2側から出していますが、対称型では簡単なためこれを捨てて、PNPの入力1側から出しています。こうすることで、4-24節の電圧増幅回路と直接接続可能になります。その部分の詳細は、次節で述べます。

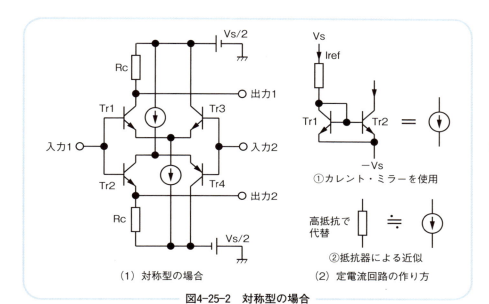

（1）対称型の場合　　　　（2）定電流回路の作り方

図4-25-2　対称型の場合

定電流回路

　差動増幅の基本をなす定電流回路は、たとえばカレント・ミラー回路を利用して作れます（図4-25-2(2)の①）。簡単にすませたいときは、定電流ダイオードも使えます。

　これらの回路に要求されるものは、1組のhieの電流つながりを邪魔しないことなので、たとえばhieが10kΩのところに定電流回路の代わりに220kΩの抵抗を入れてもさほど「乱暴」な話ではありません（同図②）。これら定電流回路にかかる電圧は電源電圧の半分（Vs/2）くらいの値であり、パワー・アンプでは30Vなどということも珍しくないのが実態です。これだけ電圧が高ければ、抵抗値も大きくできます。コスト削減も設計技術のうちなので、高抵抗近似は有力な選択肢の1つです。

● 定電流ダイオード ●

　定電流ダイオードとして販売されている部品の中身は、接合型FETとバイアス抵抗の組み合わせです（図4-25-3(1)）。タネを明かせば、4-12節で述べた「自己バイアス」で、FETのV_{GS}-I_D特性と抵抗による直線の交点で決まった電流I_Dが、V_{DS}の増減によってほとんど変化しないことを利用しています。

　ダイオードそのものは固定値の電流にしか対応できませんが、単独の部品を組み合わせて任意の定電流ダイオードを作ることは自由です。

　カレント・ミラーの場合は、ref電流を取ることが必要であり、その分だけ回路が複雑化します。対称型については、さらに極性についても意識しなければなりません。

　その点FET定電流回路は、組み合わせた回路の2端子単位で考えればよく、逆極性には逆向きに接続するだけです。抵抗値さえ変えれば、カレント・ミラーと同様、幅広い電流範囲にも対応できます。

　FETはまとめ買い(10個や100個など)が有利です。まとめ買いのメリットは、割安なだけでなく、特性の揃ったものが得られやすいことにあります。

　類似のヒントとして、ゼナー・ダイオードと組んだバイポーラ・トランジスタのコレクタ電流を利用する方法（図4-25-3(2)）もあります。図では、K端子をマイナス電源につなぐと、A端子に定電流が流れます。

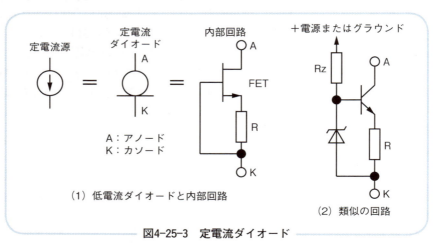

図4-25-3　定電流ダイオード

4-26 [SEPP] 負帰還による全体の増幅度設定

差動増幅→電圧増幅→電流増幅の流れ

終段から議論を始め、初段の差動増幅までたどり着いたので、全体をつないで一望してみます（図4-26-1(1)）。ここで、差動増幅段（Tr1～Tr4）と電圧増幅段（Tr5、Tr6）との接続は、差動出力がRcを負荷とし、電圧増幅段の入力と直結しているため、ゼロHz（直流）まで増幅できるDCアンプになっています。

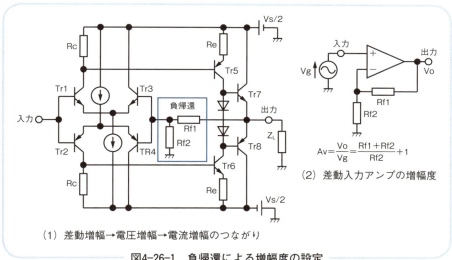

(1) 差動増幅→電圧増幅→電流増幅のつながり

図4-26-1　負帰還による増幅度の設定

負帰還で決まる最終的な増幅度

以前からたびたび触れていますが、多段アンプでは個々の段の増幅度を細かく設計することはあまり意味がありません。なぜなら、最後にはひとくくりにして負帰還回路の抵抗比で簡単かつ精密に決まってしまうからです。

図4-26-1(2)は差動入力端子を持つ増幅器の負帰還回路の抵抗値と増幅度の関係を示したものです。詳細は次章で説明しますが、増幅度はおよそ負帰

還抵抗の分圧比で決まります。ただし、負帰還前の増幅度が分圧比に対して十分に大きいことが条件です。

● **負帰還の改善効果** ●

　負帰還は、質のよい増幅回路を設計する際に欠かせない技術です。本文の説明以外にも、以下のような「効能」があります。

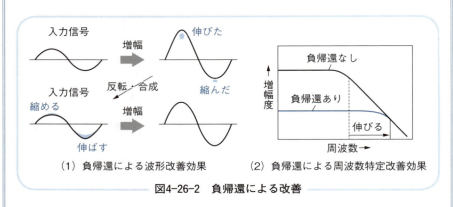

図4-26-2　負帰還による改善

　図4-26-2(1)は、よくある、入力信号がプラスのとき波形が伸び、マイナスのとき縮む、アンバランスな増幅回路の改善例です。増幅結果の一部を反転して入力に戻し、合成（引き算）して増幅すると、入力信号で伸びた部分が縮められ、縮んだ部分が伸ばされるため、入力信号を忠実に増幅した波形が得られるようになります。

・**周波数特性が改善される**

　負帰還をかけると、増幅度が落ちます。その結果、周波数特性を描くと、図4-26-2(2)のように平たんな部分の範囲が伸びて広がります。「遮断周波数」とは平たんな部分から3dB下がる周波数ですから、当然この値が高い方向にシフトされ、アンプは広帯域化されます。

・**位相ずれが修正される**

　図示するまでもなく、波形を修正する際の反転・合成動作で、位相ずれも改善されます。

4-27 [SEPP] 細部の設計と調整

4-26節までの骨格をベースに肉付け

前節までに組み立てた骨組みをもとに、細部を追加していきます（図4-27-1）。

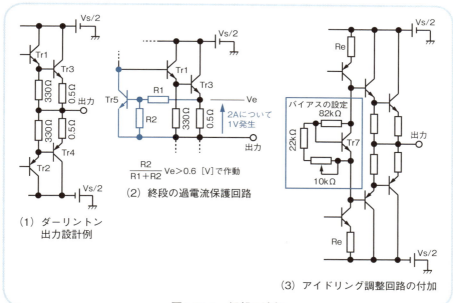

図4-27-1　細部の追加

ダーリントン化

図4-27-1(1)のように、エミッタに抵抗を入れます。Tr1とTr2のエミッタからは、終段のベースに接続されていると同時に、330Ωの抵抗が入っています。これは、終段のもれ電流を効果的に吸収する働きを期待しています。終段のエミッタに接続されている0.5Ωは、電流帰還バイアスにしては小さすぎますが、出力端子をショートするなど、万が一のとき大きな電流が流れて終段のトランジスタが「吹き飛ぶ」のを防止することと、次に述べる保護

回路の一部を形成する目的があります。これらの抵抗値はいわゆる「相場」のようなもので、具体的な設計上の基準というものはありませんが、大まかな参考にはなると思います。

パワー・トランジスタ保護回路

終段には大きな電流が流れるため、調整中にショートするなど、アクシデントが発生すると瞬時に破壊する危険が「隣り合わせ」の状態です。そこで、図4-27-1(2)のような保護回路が用いられます。図では、0.5Ωの抵抗に2Aにつき1Vの電圧が発生するのを利用して、R1とR2で分圧した結果が0.6Vを超えるとトランジスタが作動するのを利用しています。たとえば2A流れてTr5のベースに0.6Vが印加されると、Tr1のベース電圧がゼロの方向に押し下げられ、出力電流を抑制します。何Aで作動するようにするかは、設計時に負荷線を引いて電流の最大値を把握し、決めます。

図はプラス側だけなので、マイナス側も「相補対称」な回路が必要です。このような安全回路は「保険」のようなもので、「必須」ではありませんが、安価ですむため初心者マークのエンジニアには推奨します。

アイドリング調整

終段などトランジスタ4本分のV_{BE}を設定するする方法として、カレント・ミラーなどの固定式では、最初に電源をオンした瞬間に計算外の電流で「吹き飛ぶ」ようなアクシデントに対して無防備です。また、本来終段がAB級で動作するよう、バイアスを調整する回路が必要なので、いずれにせよ可変抵抗器（半固定ボリュームなど）を利用して微調整する方策を考えておかなければなりません。

図4-27-1(3)では、バイアスのためにTr7を使い、温度補償も兼ねて終段トランジスタと「熱結合」させています。そして、この回路は、可変抵抗器の回転位置により、Tr7のコレクタからベースへの帰還割合が大きく変化するように設計されています。

その上で、最初に電源をオンにする前に、左いっぱいに回した状態で抵抗値が最大（この場合は10kΩ）になるように結線しておくことが大事です。そうすると、電源オンしたときには、コレクタからの帰還割合が最大になっているので、コレクタ電流が増えV_{CE}を下げます。結果、ダーリントン部分の入力にかかる電圧は最低で、最も安全になっています。調整は、右回しで

ダーリントン部分の電流が増えます。

このように設計しておくと、もし可変抵抗器のスライダーが接触不良を起こした場合、帰還割合が最大になるため、この場合も安全な側に働きます。

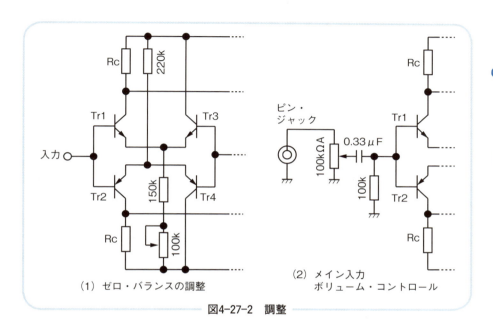

図4-27-2　調整

ゼロ・バランス調整

直流まで増幅できるアンプでは特に大事なことですが、無信号時の直流出力がゼロになるように調整できなければなりません。調整するとすれば、差動増幅回路の電流源のバランスを変えるのが自然な方法です。図4-27-2(1)は、高抵抗を利用する場合で、220kΩ固定に対して、可変抵抗器を使った反対側は150k〜250kΩの範囲で調整できるようになっています。

ボリューム・コントロール

メイン・アンプとしてのボリューム・コントロールは、全体の入り口に設置します。コンデンサ0.33μFは、安全のため直流をカットするためのものです。可変抵抗器100kΩAの"A"は、「Aカーブ」です。間違ってBカーブのものを使うと、右に回すほど音量の変化が少なく感じます。ステレオ・ア

ンプには、2連のものを使用します。

全体の回路

電源も含めた回路図全体を図4-27-3に示します。Tr5、Tr6と並列に入っている8.2kΩは、これがないとき、Tr5などの負荷となるダーリントン回路の入力インピーダンスが非常に高いため、増幅度が巨大化します。Tr5自身の出力インピーダンスも高く、不安定要因になり得るので、安定化のため入れたものです。

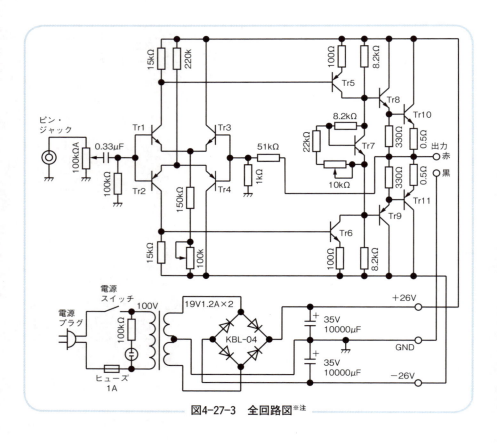

図4-27-3　全回路図※注

※注：トランジスタのリストは次の通りです。Tr1、Tr3、Tr7：2SC945／Tr2、Tr4：2SA733／Tr6：Tr8：2SC960／Tr5、Tr9：2SA907／Tr10：2SC793／Tr11：2SA663

電源部分

100Vの周辺は、電源オンであることを確認するためのパイロット・ランプとしてネオン管を利用しています。AC100Vで点灯するには、LEDよりも回路が簡単で寿命も長いため、まだまだ利用価値はあります。

トランスは、市販されているものが少ないので、専門メーカーに特注することになりそうです。参考までに、図の回路で使用したものは1970年代に市販されていたPB-40Sという人気品種です。現在でも、ネットで販売されていることがあります。

無ひずみ最大出力電力は、8Ω負荷時で30W程度を見込んでいます。

トランスの特注

特注といえば大変そうですが、回路図にある電圧・電流の条件を明確に書いて申し込めば、素人でも大丈夫です。値段も数千円で、それほど高くありません。メーカーは、ネットで検索すれば見つかります。

オーディオ用で知っておきたいのは、トランスから漏れ出る磁気がアンプのトランジスタに影響を及ぼし、「ブーン」というハム音を発生する場合がある点です。狭いケース内に隣接して配置する場合は特に注意が必要ですが、トランス側に防止策があります。特注の際の条件に、次の点を加えておきましょう。

・ハム・プルーフ・ベルト

トランスの鉄心の周りに沿って、磁性体をベルト状に数回巻いたものです。鉄心から漏れ出た交流磁界を吸収する効果があります。

・ショート・リング

トランスの外側で、巻き線と鉄心に沿って銅板を1回巻いたものです。コイルの反発力（逆起電力）で交流磁界をキャンセルするように働きます。

耐久性データ

本機は1975年に製作以来ほとんど毎日稼働していますが、本校執筆時点（2017年）で無故障です。

4-28 [SEPP] 高域の安定化対策

高域の動作を安定させるには

　オーディオ・アンプでは、体に感じるような低い周波数から、聴き取れないほど高い周波数まで安定して増幅できることが要求されることが少なくありません。特に、高い周波数についてはトラブルが発生しやすく、増幅度が高すぎると発振の恐れがあります。4-27節の回路では対策は施してありますが、それでも不足するような場合、あるいは対策をしなかった場合、一般には次のような追加処置が採られています。

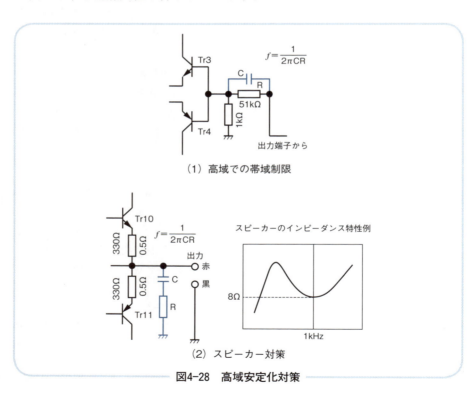

図4-28　高域安定化対策

高域での帯域制限

　負帰還回路を利用し、コンデンサにより高域の帰還量を増やすことで高域減衰動作を行わせます（図4-28(1)）。特に、必要以上に高い周波数まで増幅している場合は有効です。

スピーカーのインピーダンス変化が原因の場合

　スピーカーのインピーダンスは「8Ω」などと書かれていますが、これは1kHz付近での値で、実際は低い周波数部分に大きな「山」があり、また高い周波数でも増加傾向にあります。これはアンプにとって負荷インピーダンスが高くなることを意味し、動作を不安定にすることがあります。周波数が高いときに起きる問題なので、図4-28(2)のように高域だけ負荷インピーダンスを下げる回路を付加するのが簡単です。

ぷちメモ　トランジスタのピン配置

　トランジスタの多くは、チップの段階でコレクタを土台にして作られます。このため、ピン配置はコレクタを中心に置くのが普通で、2SC1815などでは文字面を上に向けたとき、左からE（エミッタ）、C（コレクタ）、B（ベース）の順に並べられています。ただし、2SC1226Aなどは逆順（B-C-E）のため、間違えると電源オンで「オシャカ」になることがあります。ピン配置はトランジスタ全体で統一されていないので、面倒でも品種ごとにカタログで確認しておきましょう。テスターでB-E、B-C間の導通を調べる（順方向確認）方法もあります。

　また、2SC1226Aなど大きな電流を扱える品種では、コレクタが放熱用金属板にも接続されているものが多いので、取り付け以前に放熱や絶縁も含めて確認しておくことが必要です。

トランジスタ回路

169

4-29 放熱とラジエータ

接合部温度（Tj）と周囲温度（Ta）

　トランジスタが電力を消費すると、熱を出します。たとえば抵抗器なども発熱することがありますが、多くは放っておいても大丈夫です。同様に、トランジスタにも放置できるレベルと、手当てが必要なレベルがあります。

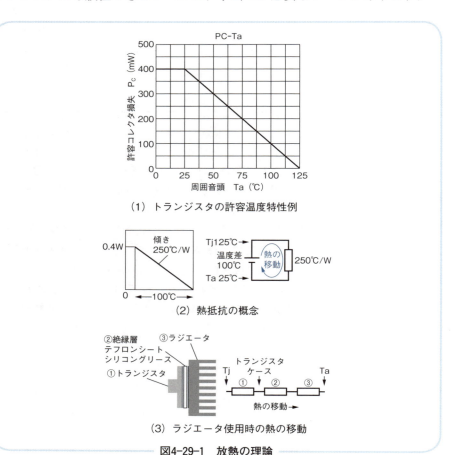

図4-29-1　放熱の理論

放置しても大丈夫なのは、発熱しても熱がどんどん逃げていく場合（自然放熱）で、「放熱」がうまくいっている状態です。

その熱源はトランジスタの内部にある接合部で、ここの温度（Tj：接合部温度）がポイントです。一般には、シリコン・トランジスタで125℃とか150℃という値で、これを超えると「焼け切れる」恐れがあります。

そして、放熱先は私たちが住んでいる空気中です。気温は「周囲温度（Ta）」と呼ばれます。メーカーでは、カタログ中で図4-29-1(1)[注1]のように、25℃を基準にコレクタ損失の値を発表しています。図では、25℃の室温で、400mWまで許容されることがわかります。しかし、25℃を超えると、たとえば75℃では200mWと半減します。したがって、周囲温度が何度まで耐えられるように設計するか判断が必要ですが、最高気温が40℃として、切りのよい50℃くらいにする例が多いようです。

熱抵抗（℃/W）

図4-29-1(2)では、「熱抵抗」を考えます。電圧（電位差）で電子が移動して電流になるように、温度差で熱が移動して連続した流れができることは、類似のモデルで扱えることを意味します。すなわち、温度差を「電位差」に置き換え、熱の伝わりにくさを「熱抵抗」と呼ぶわけです。

この考えで図4-29-1(1)を見直せば、周囲温度Taが25℃（Tjとは100℃の温度差）で0.4Wまで耐えられるので、割り返せば250℃/Wという「熱抵抗」の値が得られます。1Wあたり250℃という意味です。数値が大きいほど熱を伝えにくいことを表します。

ラジエータ使用時

ラジエータを前提としたトランジスタの場合、図4-29-1(3)のようにTjからTaに至る間に段階（同図①〜③）を踏みます。一見、ストレートに大気（Ta）につながる方が近そうに見えますが、トータルで熱抵抗が小さい方が有利に働きます。

①トランジスタ内部の熱抵抗

このタイプのトランジスタは、カタログに接合部からケースまでの熱抵抗（Thermal Resistance Junction to Case）が明記されています。たとえば、

※注1：東芝トランジスタシリコンNPNエピタキシャル形（PCT方式）2SC1815データシートより

2SC3039のカタログ※注2では2.5℃/Wとあります。
 ②絶縁層
　ケースまで届いた熱は、絶縁層を通してラジエータに送られます。絶縁層は、テフロン・シートの両面にシリコン・グリースを塗って、電気的に絶縁しながらトランジスタとラジエータを密着させるものです。ここの部分の熱抵抗も3℃/Wくらいはあります。
 ③ラジエータ
　空中に熱を逃がすための放熱器で、「ヒートシンク」、「フィン」などとも呼ばれます。車のエンジンに付いているラジエータと同じように、空気と接する面積が大きいほど冷却効果があります。具体的には、1,000cm^{2}で1℃/Wに接近します。熱抵抗は面積におおむね反比例し、500cm^{2}で2℃/Wくらい、100cm^{2}で10℃/Wを少し下回る程度まで増えます。金属の材質は、加工しやすいことからアルミが使われ、板厚が厚いほど周囲まで伝達しやすいので熱抵抗が少し減ります。
　ラジエータが10℃/Wくらいと仮定して以上の熱抵抗を合算すると、15℃/W程度になります。図4-29-1(2)の例（250℃/W）に比べて、桁違いに改善されることがわかります。Tjが150℃、Taが50℃まで許容するとすれば、差は100℃で、割り返せば6Wくらいまで耐えられます。

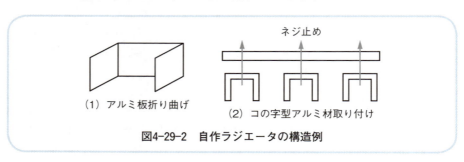

図4-29-2　自作ラジエータの構造例

(1) アルミ板折り曲げ　　(2) コの字型アルミ材取り付け

ラジエータの自作

　ラジエータは部品として販売されていますが、簡単な形状のものならば自作も可能です。その際は、アルミ板1枚広げたままでは場所をとるので、「コ」の字型に曲げるなどして幅を縮め、邪魔にならないようにします（図4

※注2：MOSPEC 2SC3039カタログ　http://akizukidenshi.com/download/ds/mospec/2sc3039m.pdf より

-29-2(1))。

　もっと大掛かりな例では、図4-29-2(2)のように厚手のアルミ板に、建築用コの字型アルミ材を切断したものをネジ止めするといったものもあります。材料は、DIY店で買えます。

ケースの利用

　これが、最も簡単で確実な方法です。アンプ全体を収容する金属ケースの表面積をラジエータとして利用する、という方法があります。あるいは、ラジエータの熱が伝わるようにケースに取り付け、熱の一部を逃がすという手法です。

　「熱抵抗が低いから高いワット数が出せる」というのは事実ですが、同じワット数でもより低い熱抵抗で出せる方が発熱（Tj）も少ないので、いわば余裕のある設計が製品を長持ちさせることになります。ラジエータをケースで囲むというのも放熱上不利なので、最終的にはケースに逃がすよう設計するのが合理的です。

シリコン・グリースとテフロン・シート

　熱抵抗を考える上で、物と物を重ね合わせることは新たな熱抵抗を増やします。また、それらの接触面で小さな凹凸が密着の邪魔をすることも加わります。これを改善するには、シリコン・グリースのように耐熱性があって熱の伝達がよく、なおかつ粘着性があるもので隙間を満たすことにより、0.2℃/W程度減らすことができます。

　電気的に絶縁を要する場合は、耐熱性の絶縁材としてテフロン・シートが使われます。その表面にも、シリコン・グリースを塗布すべきなのは当然です。

4-30 トランスを使った出力回路

トランスの出番とは

"SEPP"の語は一般に"SEPP-OTL（Output Trans Less）"のように使われ、「出力トランスがない」という意味を込めています。しかし、SEPPでも設計によっては負荷が重すぎるため、トランスを必要とする例外はあります。とはいえ、今日ではパワーのあるトランジスタが安く入手できるので、最初からOTLとして設計するのが普通です。

ただし、プッシュ・プル増幅回路を楽に設計したい場合は、SEPPとせずにトランスを使った方が省力化できることが少なくありません。低音の甘い独特の音が、真空管アンプのようにレトロな感じを醸し出す点で、オーディオ・マニア向きでもあります。

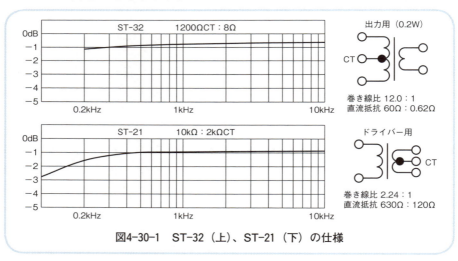

図4-30-1　ST-32（上）、ST-21（下）の仕様

トランジスタ用トランスの仕様例

サンプルとして、図4-30-1にST-32、ST-21の仕様[注]を掲げます。ST-32

※注：山水トランジスタ用小型トランスカタログ「http://www.op316.com/tubes/lpcd/image/sansui-st.pdf」より

は出力用、ST-21はドライバー用です。図中の"CT"は、センター・タップです。

トランスを使うと簡単になる

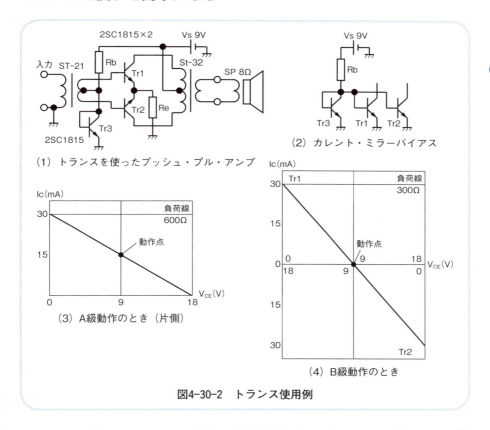

図4-30-2 トランス使用例

　図4-30-2(1)は、トランスを使った設計例です。プッシュ・プルなので位相反転回路が必要ですが、トランスがCT（センター・タップ）を使って反転しているので、それを使うのみです。また、逆位相に増幅された信号を合成するのもトランスがやってくれます。結局、設計するのはバイアス程度です。

　そのバイアスも、図4-30-2(2)のようにカレント・ミラーと考えれば抵抗Rbの値を決めるだけです。ここを操作すれば、A級でもB級でも自由自在。その昔、バリスタ・ダイオードが盛んに使われましたが、これも実はカレン

ト・ミラーに準じたものでした。

A級動作の場合

出力トランスST-32の1次側仕様は「1,200ΩCT」となっています。"CT"とは「中点」という印象を受けますが、実際は独立した2つの300Ω巻き線を直列にして、その接続ポイントをCTと呼んでいるのです。半分ではなく1/4なのは、「インピーダンス比は巻き線比の2乗」だからです。A級プッシュ・プルではそれぞれの巻き線が同時に駆動されるので、片側では図4-21(2)の理屈で600Ωの負荷になります。図4-30-2(3)の負荷線いっぱいに振れると仮定して概算すると、片側で68mW、両側合わせると137mWです。

B級動作の場合

B級では半波ごとに動作するトランジスタが交代するので、2つある巻き線も交互に休みます。したがって、単独の巻き線と同じで、負荷としては300Ωとして動作します。図4-30-2(4)の負荷線からは、概算で137mWとなります。

電池で簡単に実験可能なように、電源が9Vと低くパワーも少ないですが、電源電圧を上げてコレクタ損失いっぱいに負荷線を引けば、もっと実用的な出力が得られます。なお、出力トランスをST-42(300ΩCT、0.7W)にすれば、9V電源でも出力は500mWに増やせます。ここではデータ掲載のため、周波数特性のグラフが公開されているST-32を採用しました。

AB級動作として設計

実際は、特にトランスを使用してまでA級動作させるのは電力の無駄遣いでメリットがなく、B級もひずみの点で実用にならないので、最終的にはAB級に落ち着きます。

バイアス関係では、Reはカレント・ミラーでは必要ありませんが、10Ω程度入れて万一のときトランジスタが飛びにくいようにする設計が多いようです。

Rbはアイドル電流を動作時電流最大値30mAの1/10として3[mA]、Vs＝9[V]からV_{BE}＝0.6[V]を差し引いて

$$Rb = (9-0.6)[V]/3[mA] = 2.8[kΩ]$$

となります。アイドル電流の「サジ加減」は、幅広く対応可能です。

4-31 負帰還の小わざ

部分負帰還

ここでは、一般論を述べます。

最近のアンプは、(i) 全体をまとめて強力な負帰還をかけるものが多くなっています。このやり方は、次章で述べるOPアンプで採用されています。ほかに、(ii) 部分的に少しずつ負帰還をかけて全体としてはかけない、あるいは (iii) 部分負帰還に加えやんわりと全体に負帰還をかけて仕上げる手法などがあります。

(i) の欠点は、増幅段を重ねる間に浮遊容量などで高域の位相が少しずつずれていき、180度反転の「負帰還」から「正帰還」に変わって、動作が不安定になりやすいことです。その結果、発振するなどのトラブルを引き起こします。オーディオ・アンプなどでこの現象が起きると、音が濁ったり、「ピーピー、ガーガー」雑音が出たり、最悪の場合はスピーカーが焼き切れることもあります。

OPアンプでは当たり前の全体帰還ですが、ここで説明したSEPPなど多段増幅の場合、筆者は経験的に (iii) の設計手法を採用しています。なぜなら、OPアンプ内部のようにミクロの配線なら浮遊容量も少ないのですが、個別部品を並べた上にプリント基板の配線で生じる浮遊容量は比較にならないほど大きいからです。SEPPの延長のように見えるOPアンプですが、個別部品を重ねたSEPPとは「別物」という認識です。

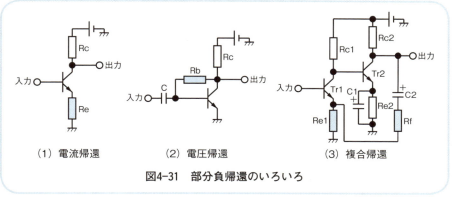

図4-31　部分負帰還のいろいろ

部分帰還は位相ずれも改善する

　部分帰還は、1段または2段程度の負帰還がほとんどです。この範囲では、もし当該段で位相ずれが発生しても、次段に引き継ぐ前に、負帰還で修正する方向に改善されます。その「改善の累積」が、全体帰還でのトラブルを予防するのです。

電流帰還

　図4-31(1)の電流帰還は、電流帰還バイアスからエミッタのバイパス・コンデンサを外した形をしています。交流と直流とで帰還の程度を調整するため、2個の抵抗を直列にして、うち1個にコンデンサを抱かせる設計も見かけます。

　Reの存在により、コレクタ接地のように入力インピーダンスにはReがhfe倍されて加わります。電圧増幅度は、Reが大きいとき、およそRc/Reで計算できます。

電圧帰還

　図4-31(2)の電圧帰還は、自己バイアスと同じ回路です。負帰還は前段の回路の影響を受けますが、直流の影響をカットするため結合コンデンサを欠かせません。交流的には、Rbが電圧増幅度で割られてベース～エミッタ間に入る形で、入力インピーダンスは激減します。回路が簡単な割に、サジ加減ができにくいのが欠点です。

複合帰還

　図4-31(3)は、2段まとめた負帰還です。負帰還の送出側（Tr2コレクタ）から見れば電圧帰還のようであり、受け側（Tr1エミッタ）から見れば電流帰還の形をしています。増幅度は$Re1$と$Rf1$による分圧比の逆数で決まり、電流帰還のように入力インピーダンスが増加します。

4-32 トランジスタで補強した定電圧電源

ゼナー単独の弱点

前章の3-8節で述べたゼナー・ダイオード単独の定電圧回路は、抵抗器という「ふところ」に奥行を持たせて負荷の変動をカバーする仕組みでした。これでは余裕も少なく、重たい負荷には対応できないという弱点がありました。

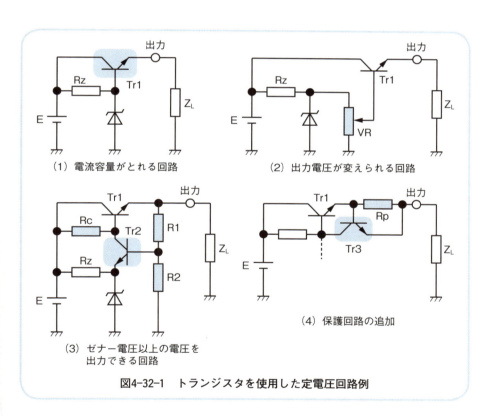

図4-32-1　トランジスタを使用した定電圧回路例

トランジスタのバッファ効果

図4-32-1(1)では、ゼナー・ダイオードにトランジスタのベースを接続し、エミッタから出力しています。接地の分類でいえば、コレクタ接地です。こうすることで、ゼナー・ダイオードとの「緩衝地帯」が生まれ、負荷Z_Lに取り出せる電流は飛躍的に増大します。ただし、ゼナー電圧が9Vとすれば、最終出力はV_{BE}（0.6V）だけダウンした8.4Vとなります。大きな電流を扱うときは、ダーリントン接続で対応できます。

電圧も変えられる

図4-32-1(2)のように可変抵抗器を使用すると、トランジスタのベース電圧が変えられます。出力電圧は、その値から0.6V差し引いた値となり、最低0Vまで調整できます。

ゼナー電圧以上の出力電圧を得る

図4-32-1(3)は、ゼナー電圧より高い出力電圧を得る例です。Tr2が、ゼナー電圧と、R1＋R2で分圧された電圧値とを比較して、分圧値が0.6V以上高いとき下げるように動作する回路です。たとえば、ゼナー電圧が6Vで、分圧比を半分にする設定のとき、6.6Vの2倍すなわち13.2Vの出力が得られます。もちろん、これに対して大元の供給源電圧Eは十分に余裕がなければなりません。分圧回路に可変抵抗器を使用すれば、出力電圧の調整もできます。

保護回路の付加

特に電源回路は大きな電流を扱うので、不測のショートなどによる破壊を防ぐため、保護回路は欠かせません。図4-32-1(4)は保護のため追加する回路で、同図(1)〜(3)に適用できます。動作原理は、Rp両端の電圧が0.6Vを越えるとTr3が反応することを利用します。たとえば、Rpが0.5Ωのとき、1.2A流れると0.6Vになり、Tr3のコレクタ〜エミッタ間が導通します。これで、Tr1のベース〜エミッタ間がショートされ、出力電流が止められます。過電流の原因が除去されると、回路の動作は自然復帰します。

保護動作が働く電流（Ip）から、必要な抵抗Rpは、Rp＝0.6/Ipで求められます。

● トランジスタを使ったリップル・フィルタ ●

　図4-32-2(1)はよくあるリップル・フィルタの形です。プリ・アンプなどの動作電圧に合わせて抵抗器で降圧し、電解コンデンサと組んで高域減衰回路を形成しています。電圧は動作電流に依存するため、安定性に難があるのと、コンデンサの容量が大きくなりがちな問題があります。安定性を改善するため設計変更してブリーダー抵抗にすれば、必要なコンデンサの容量はもっと大きくなります。

　そこで、図4-32-2(2)のように、簡単な（電流容量の小さい）定電圧電源を作り、トランジスタをローカルな「出張所」として動作させれば、同じ時定数（$\tau = CR$）でもRを桁違いに大きく、Cを思い切って小さくできます。ちなみに、hfe＝200とすれば、33kΩで1.65V低下、V_{BE}の0.6Vと合わせて2Vくらい差し引いた電圧（約20V）がプリ・アンプに供給されます。

　上手に設計すれば、故障率の高い電解コンデンサを避け、マイラー・コンデンサなど半永久的寿命の部品を使用して信頼性を高めることもできます。

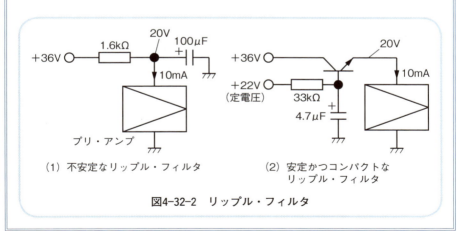

（1）不安定なリップル・フィルタ　　（2）安定かつコンパクトなリップル・フィルタ

図4-32-2　リップル・フィルタ

4-33 コンデンサ・マイクの接続

プラグイン・パワー

　市販されているコンデンサ・マイクの多くは、「プラグイン・パワー」と呼ばれているタイプです。正式な規格ではないのに普及していて、マイクの振動板からFETアンプに直結（図4-33(1)）し、そこで増幅された出力信号を送るケーブルと、直流電源を供給するケーブルとが兼用となっています[注]。マイク・ユニット（ケーブルなし）は、4個で100円などと安価です。

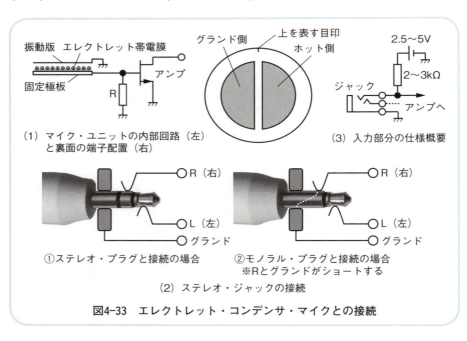

図4-33　エレクトレット・コンデンサ・マイクとの接続

プラグ・ジャックの接続

　パソコンのオーディオ入力などステレオ・ジャックで受けた場合、図4-33

※注：詳細は、拙著『続・オーディオ常識のウソ・マコト』（講談社2008年）を参照してください。

(2)のように、ステレオ・プラグのときは左右が分かれて伝達されます。モノラル・プラグでは、右入力はショートされ、左のみ入力されます。

アンプで受けるときの仕様

　ジャックを経由してアンプに接続するときの仕様は、FETが動作すればよいので大雑把です。具体的には、2.5～5Vくらいの電源から2～3kΩ程度の抵抗器を接続してプル・アップする仕様が一般的です（図4-33(3)）。ただし、図のデータはあくまで一般的な値であって、電圧は10V、負荷抵抗は7kΩ近い例も見かけます。マイクの感度という観点からは、抵抗値が大きいほど高くなります。

　マイク用のアンプに要求される点は、増幅度が大きいこと、周波数帯域は20KHzくらいまで、ノイズが少ないことという程度で、設計上それほど難しい要素はありません。

写真4-33　エレクトレット・コンデンサ・マイクのいろいろ
（上）完成品　（中）10mmΦとその裏面　（下）6mmΦとその裏面

4-34 測定器のプローブ

測定器と実際の回路を結ぶ

プローブは、測定器と被測定回路を結ぶだけでなく、測定器本体が被測定回路に影響をもたらすのを軽減するため利用されます。たとえば、シンクロスコープなどでは、図4-34(1)のような回路で入力信号が1/10に減衰されるという犠牲を払いながら、1MΩ、10pFなどという値を確保しています。

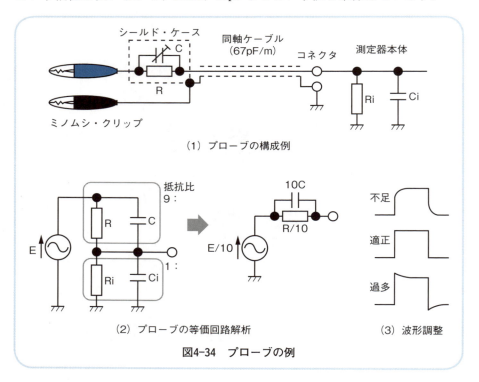

図4-34　プローブの例

回路の基本は「相似」

感度が下がる理由は、図4-34(2)で説明しています。図の上と下のブロックはそれぞれプローブと測定器本体に対応し、本体（下）では測定器の入力

抵抗 Ri とコネクタ前後のケーブル等浮遊容量を合わせた Ci が対応しています。これに対してプローブ（上）では、それぞれ R は抵抗値が本体の 9 倍、C もリアクタンスが本体の 9 倍です。このような回路のブロック同士は時定数が等しく、言い換えれば周波数にかかわらずインピーダンス比が一定で、お互いに「相似」の関係にあります。相似のブロックを 2 つ重ねて分圧すれば、分圧比も周波数によらず一定となり、この例では、常に1/10を保ちます。

設計演習

そのような前提で、具体値を挙げて設計の演習をしてみます。測定器本体の内部抵抗 Ri が100kΩ、ケーブルの浮遊容量を含む入力総容量を100PFとすれば、R は 9 倍の900kΩ。C はリアクタンスが 9 倍ということは、容量が1/9で11.1PFです。容量に関しては「相似」にするため微調整が必要なので、最大値20PF程度のトリマー・コンデンサを使います。

調整

調整は、方形波の発振器に接続して行います。測定器の観測波形を見て、立ち上がり角が鈍い場合は C の容量不足、鋭角の場合は容量が多すぎと判断して、角度が90度になるようにトリマの回転角を調整します（図4-34(3)）。

効果の評価

プローブなしでもケーブルは必要なわけで、その場合、100kΩ、100PFがそのまま被測定回路につながります。しかし、プローブ付きでは1MΩ、10PFに改善され、被測定回路に与える影響は桁違いに少なくなります。

発展に期待

ただし、感度も1/10になりますが、しかし、プローブのシールド・ケース内や測定器入力との間にアンプなどを仕込むことができれば、カバーすることは難しくありません。本来ならば第 2 章で扱うべきタイトルですが、読者の発展を期待して、第 4 章末尾に配置しました。

第 **5** 章

OPアンプ

前章のタイトルが「トランジスタ回路」であるのに対して、
本章ではあえて「回路」を冠していません。
OPアンプの中に、既にたくさんの回路が
組み込まれているからです。
それも、前章で登場した「差動増幅回路」とか、
「カレント・ミラー」などがザクザク。
これらが理解できれば、OPアンプ入門に「段差」はありません。
本書の中核である第4章に続き、その延長として
OPアンプが存在しているという観点で展開していきます。

5-01 理想アンプのモデル

第4章の延長

　前章では、トランジスタなど単体の部品を使い、プリント基板などで回路を組み立てる前提で進めてきました。モデルにしたSEPPの入力は差動増幅回路であり、背後にはカレント・ミラーや定電流回路が使われ、電圧増幅回路を経て、低インピーダンス出力回路で完結する流れになっていました。

　ところで、プリント基板は印刷の手法（フォト・エッチング）で作られていることは皆さんよくご存知でしょう。半導体チップの内部も、トランジスタや配線まで印刷技術によっているので、それなら一度にトランジスタを何個も作った方が合理的です。しかも、差動増幅など個別のブロックにとどまらず、SEPP全体をチップ化することもできるわけで、その結果が今日の「OPアンプ」として具現化されているのにほかなりません（図5-1(1)）。

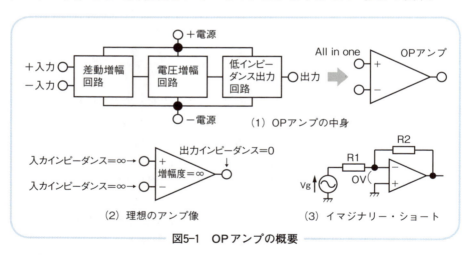

図5-1　OPアンプの概要

足りない部分は「外付け」でカバー

　印刷製法で作ると言っても、実際のアンプには増幅度の違いなど、個別の環境に適合する「バリエーション」が要求されます。幸い、入力部分は差動

増幅のため反転/非反転どちらにも対応できるので、増幅度設定はここと出力端子との間で「外付け」部品により決定します[注]。ほかに、大容量コンデンサなどIC化できない部分も外付けにして、現実的に対応します。

OPアンプで想定する「理想アンプ」

以上の方向とは反対に、IC化できる部分は徹底的にチップ内に閉じ込めます。そして、「ブラック・ボックス」化します。いわば「抽象化」することで、応用範囲が広がります。

大前提は裸の増幅度を「無限大」と仮定し、最終的な増幅度は差動入力を利用して決定します。無限大ということは、割り返した入力電圧は「限りなくゼロに近い」を超えて「ゼロ」と決めつけ、「イマジナリー・ショート」とさえ呼びます（図5-1(3)）。あたかも、プラス・マイナス両入力端子がショートしているかのように動作するわけです。

同様に、入力インピーダンスは無限大、出力インピーダンスはゼロとみなします（図5-1(2)）。ただし、これはあくまで理想であることは言うまでもありません。本当のところは、「OPアンプ同士を接続するとき、近似的に」と、条件を付けるとわかりやすいでしょう。ただし、FET入力タイプについては額面どおり「入力インピーダンス無限大」に対応しています。

※注：4-26節を参照してください。

5-02 ［OPアンプ］差動増幅回路

差動入力増幅後の統合

　OPアンプの内部では、プラス・マイナス各入力信号を増幅後、さらに差動増幅を重ねるもの、あるいはすぐに電圧増幅を行うものなど、品種によりまちまちです。

　単体の電圧増幅段では、プラス・マイナス両入力に対応して増幅した片側を捨てるのはもったいないので、統合して利用するのが普通です。そして、そのための手法として、カレント・ミラーが使われます（図5-2）。

　図では、マイナス入力増幅後のTr1コレクタにカレント・ミラーの基準側（Tr3）を置き、プラス入力増幅後のTr2コレクタにコピー側（Tr4）を配置します。そうすると、マイナス入力の増幅結果はプラス入力側のコレクタに転送されますが、その反対に転送されることはありません。結果として、プラス入力に対応する出力側Tr2には、本来の出力と合計して、2倍の出力が得られます。

　Tr2の負荷はTr4ですが、エミッタ接地なので、出力インピーダンスは簡易等価回路で無限大です。「無限大負荷」は、増幅度を大きくするため、OPアンプではよくやる「手」です。厳密には正式な等価回路で1/hoeに近く、たとえば100kΩなどという値になっています。

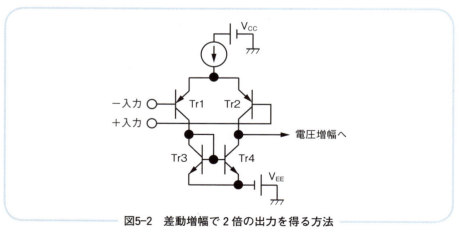

図5-2　差動増幅で2倍の出力を得る方法

5-03 [OPアンプ] カレント・ミラー

　カレント・ミラーは、同一チップ内では特性の揃ったトランジスタが作りやすいという背景もあって、OPアンプでは多用されています。しかし、トランジスタのV_{BE}-I_B特性を利用するため、曲線部にかかり精度を上げることが難しい問題を抱えています。このため、原回路（図5-3(1)）に対していろいろ改良が重ねられてきました。

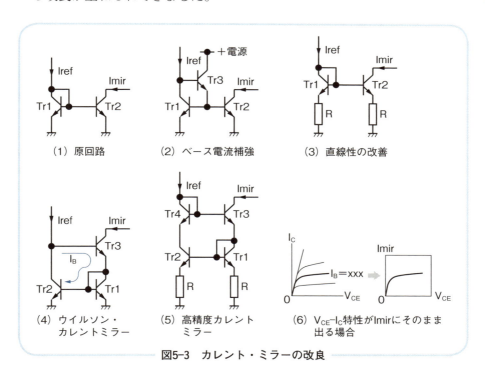

図5-3　カレント・ミラーの改良

ベース電流の補強

　バイポーラ・トランジスタの弱点は、ベースに流す電流が必要であることです。そのために、コピー側の数を増やせば増やすほど電流がとられ精度が落ちます。そこで、図5-3(2)のようにTr3を入れ、コレクタ接地で補強する

ことが行われています。

MOS型FETでもカレント・ミラーは有効（ドレイン–ゲート接続）ですが、ゲートに電流を必要としないため、このような配慮はいりません。

直線性の改善

直線性は、図5-3(3)のようにエミッタに抵抗Rを入れて電流帰還をかけることで改善されます。単に抵抗Rが入っただけではなく、hfe倍されるので、比較的小さな抵抗値でも役立ちます。

ウィルソン・カレント・ミラー

特性の揃ったトランジスタを3個用意します。そして、図5-3(4)のように接続すると、Irefから分かれたI_BはTr3を通ってエミッタに抜けます。ここでImirと合流してTr1に向かいますが、Tr1とTr2はミラー関係にあり、I_B相当分は分流してTr2のベースに入ります。結局、Tr2のエミッタにはIrefと同じ電流が流れ、Tr3でI_Bがhfe倍されたImirと等しくなります。

図5-3(1)〜(2)のImirは、Tr2のコレクタとグランドに直結したエミッタとの間で出力されます。すなわちエミッタ接地のコレクタ電流そのままであり、V_{CE}–I_C特性がストレートに出てきます（同図(6)）。具体的には、V_{CE}が上がるとI_C（Imir）もわずかに増えます。その点、ウィルソン・カレント・ミラーではTr3エミッタがTr1を「踏み台」にしてグランドから浮いており、直列効果でV_{CE}–I_C特性の影響が薄れ、精度が大きく改善されます。

高精度カレント・ミラー

ウィルソン・カレント・ミラーの弱点はTr1とTr2のコレクタ電圧のアンバランスで、常にV_{BE}だけ差が開いています。そこで、図5-3(5)のようにTr4を入れて対称性を改善します。さらにRを入れ、同図(2)の効果も加えて理想に近づけます。

5-04 [OPアンプ] 定電流回路

バイポーラでよく使われる回路

　接合型FETはたった１本で簡単に定電流回路が作れますが、バイポーラ・トランジスタは、単数では定電流回路を組むのが不得手です。

　図5-4(1)はよく使われている定電流回路の例で、よく見ると前章で述べたショート保護回路[※注]にTr1を付加した形となっています。動作はショート保護と同じで、R1の両端の電圧を0.6Vにするコレクタ電流Iregを吸い込みます。

　ここで、R2はIregを流すのに十分なベース電流を供給できるよう設計します。Tr1のベースは、R1の0.6Vと自身のV_{BE}の0.6Vを合わせて1.2V印加されているので、R2には電源電圧からそれらを差し引いた電圧がかかっています。Iregをhfeで割り返した値はTr1のベース電流であり、この値をカバーできるようにR2の値を決めます。

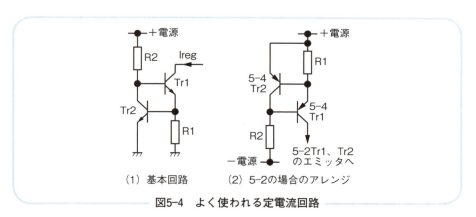

図5-4　よく使われる定電流回路

PNPの場合

　PNPのため電流の方向が逆になる場合は、図5-4(2)のような接続となります。

※注：4-27節および4-32節を参照してください。

5-05 [OPアンプ] 電圧増幅回路

前段に負担をかけない

　差動増幅段では、カレント・ミラーなどの高インピーダンス負荷を利用して高い増幅度を確保していますが、その出力を貰ってさらに増幅を重ねる電圧増幅段の入力は、同様に高インピーダンスであることが要求されます。

　図5-5(1)に例示した電圧増幅回路では、Tr1がエミッタ・フォロワ（コレクタ接地）によって高入力インピーダンスを達成しています。そして、その出力電流は抵抗などで損ねることなくTr2に渡され、ここではエミッタ接地と電流源負荷によって高い増幅度を得ています。

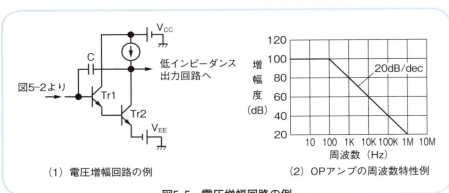

（1）電圧増幅回路の例　　　（2）OPアンプの周波数特性例

図5-5　電圧増幅回路の例

OPアンプの基本的な周波数特性

　図中のコンデンサCは、小容量のものならばチップ内に作れます。そして、Tr1とTr2で確保した高い増幅度を使って負帰還の形で利用すれば、増幅された容量値がTr1のベースとグランドとの間に入ったのと等しくなります。これは、高域減衰回路です。結果として、図5-5(2)のように、音声帯域から−20dB/dec（10倍ごとに1/10）低下する「位相補償」が行われます。後で触れますが、発振防止のためです。

5-06 [OPアンプ] 低インピーダンス出力回路

多くはコレクタ接地

　OPアンプの出力回路の多くは、オーディオ・アンプのようにスピーカーを鳴らすというより、高利得のための「バッファ」として、電圧増幅段に負担をかけないことが主目的です。このため、単なるコレクタ接地である以外に特に目立った特徴はありません。ダーリントン接続は少なく、大きな電流をカバーしていないのが普通です。ただし、スピーカーに対応した品種（インターホン可など）も散見されるので、必要ならばカタログなどで確認するのがよいでしょう。

　電圧増幅段の負荷の一部に組み込んで、ベースにバイアスを与えるためダイオードで電圧を確保するのもよくあるパターンです（図5-6）。

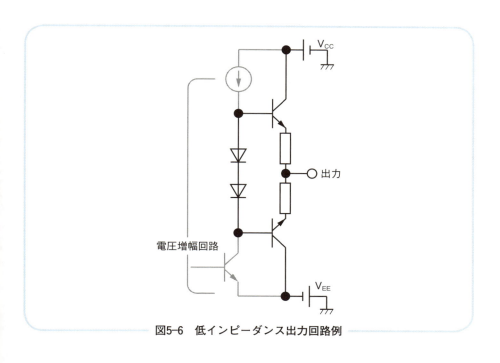

図5-6　低インピーダンス出力回路例

5-07 [OPアンプ] 電源電圧とオフセット調節

たとえばLM741

OPアンプの規格表[※注]から、概要を眺めてみます。たとえばLM741の場合、電源電圧は推奨±15V、最小±10V、最大±22V（LM741Cは±18V）と、広範囲で動作する仕様になっています。電気的特性は、推奨電源電圧で測定されたものです。

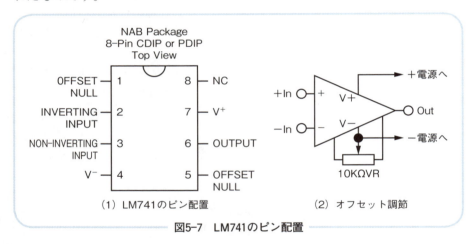

図5-7　LM741のピン配置

オフセット調節

LM741のピン配置を図5-7(1)に示します。8ピンはNC（無接続）で、7ピンと4ピンがプラス・マイナス電源、3ピンと2ピンがプラス・マイナス入力となっています。1ピンと5ピンはオフセット調節用です。

　オフセットというのは出力電圧の直流バランスのことで、増幅度が小さければ何も手当がいりませんが、ハイ・ゲインでバランスがくずれる場合は図5-7(2)のように半固定抵抗器を接続して、直流ゼロに調節する必要があります。

※注：http://www.tij.co.jp/product/jp/LM741/datasheet より

5-08 [OPアンプ] スルー・レート

なぜOPアンプではスルー・レートなのか

OPアンプの時代になって、いきなり「スルー・レート（Slew Rate）」という用語が出てきました。同じ周波数の正弦波でも、振幅が大きいときは追随できない場合があるとか。これは、明らかに第2章の「周波数特性」の世界とは違います。

オーディオ研究者が発見

ブログ・サイト "new_western_elec" に、スルー・レートに起因する現象が発見されたときのエピソード[注]が書かれていたので、以下に引用させていただきます。
——スルー・レートに注目が集まったのは、差動アンプに鋭い立ち上がり信号が入力された時に初段の差動回路の電流が片側だけになって、増幅回路として動作しなくなる瞬間がある。それが、音質悪化へ非常に大きく影響する。と、フィンランドのオーディオ研究者マッティ・オタラ氏が1970年代に発表して業界で話題になったことが発端らしいです。このひずみをトランジェント・インターモジュレーション・ディストーション（TIM歪）といいます。——

どんな現象か

OPアンプによるこの種のひずみは、応答の遅延が原因です。パルス幅や正弦波の周波数によって出力波形の形は異なりますが、方形波の場合は一般に台形（図5-8-1(1)）になり、パルス幅が短いと三角波になります（同図(2)）。正弦波では、周波数が高くなると本来の波形の内側に三角波（同図(3)）ができ、周波数が上がるにつれて小さく縮んでいきます。そして、最後には消えます。音質悪化は、長時間鑑賞時に「疲労感」として残ります。

※注：http://nw-electric.way-nifty.com/blog/2012/10/post-b7fb.html より

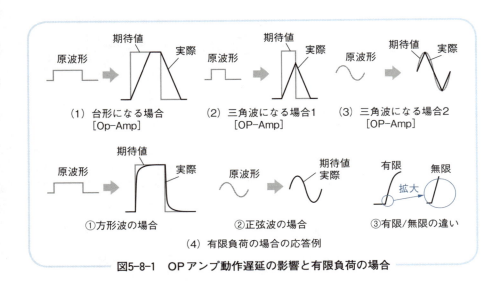

図5-8-1　OPアンプ動作遅延の影響と有限負荷の場合

これが原因

　第4章のトランジスタ・アンプでは、筆者は無限大負荷を意図的に避けています。有限負荷では、図5-8-1(4)のような応答を経験してきました。立ち上がりは鋭く、のちに鈍化する傾向にあるため、方形波に対する応答は台形にならず（①）、正弦波は三角波にならない（②）点が違います。立ち上がりの違いを整理すると、無限大負荷（電流源負荷）の場合は有限負荷の始めの部分を拡大したかのように直線的に描けます（③）。あたかも時定数が巨大なのです。

　このことと、OPアンプ時代になってから問題として認識された経過から、OPアンプの構造が関係していることが疑われます。先ほど引用したマッティ・オタラ氏の「差動回路の電流が片側だけ」も図5-2のTr3、Tr4のことを言っているのでしょう。

　波形の傾向からは、電流源からコンデンサを充放電している動作であることが見えてきます。このとき立ち上がりの鋭さは、電流源の電流値の大きさに比例すると考えられます。たとえば、図5-2のTr4には図5-5(1)のコンデンサCがつながっています。このトランジスタは、電流源として動作しているのです。図5-5(1)にも、別な電流原があります。OPアンプの中は、まさに電流源のオン・パレードです。「増幅度無限大」は電流源の「無限大負荷」

によって成り立っているのですが、これはコンデンサの充放電に対し直線的にはたらきます。有限負荷でも、時定数を大きくし高い周波数で大振幅にすれば三角波になりますが、設計次第で立ち上がりを鋭くできるだけ有利です。

スルー・レートの定義

　スルー・レート（SR）は、OPアンプを図5-8-2(1)の接続にして、入力パルスに対する立ち上がりまたは立下がり傾斜のいずれか遅い側を採ったものです。このとき、波形の下から10％、上から10％を除き、残りの範囲の傾斜を見ます（図5-8-2(2)）。電圧を［V］、時間を［μ秒］で測定して、
　　　SR＝V/μs　（LM741の例：0.5V/μs）
という形式で表示します。「1マイクロ秒間に何V立ち上がるか」という定義です（図5-8-2(3)）。

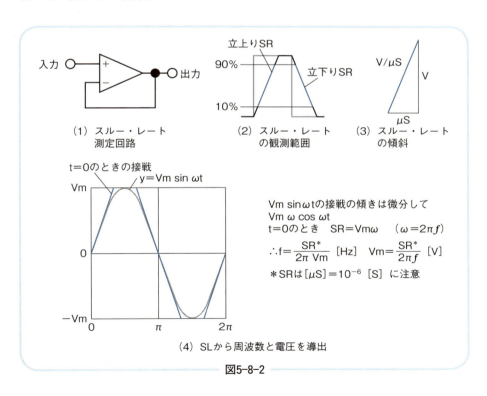

図5-8-2

周波数と出力電圧

スルー・レート値（SR）で対応できる、ひずまない正弦波の周波数 f と出力電圧最大値 Vm を計算する式は（図5-8-2(4)）のとおりです。無限大負荷を特徴とする OP アンプが高い周波数でひずまないためには、高 SR が必要であるというのが結論です。

● 発振の問題 ●

　発振は、増幅動作が関係します。入力信号が増幅され、フィード・バックされたときに「正帰還」となり、信号を拡大する動作のループに陥ることで発生します。したがって、増幅度が１以下であれば、発振することはありません。また、正帰還（360°）にならなければ発振しません。負帰還（180°）のつもりが、増幅度0dB以上の範囲で、位相変化をさらに180°積み重ねてしまった場合の失敗ということです。

　問題は、主に高域減衰回路を組んだときに起きます。

　図5-9-1(3)のP1から先はせいぜい90°までなので、問題ありません。一般に、OPアンプ自身の持つ周波数特性は安全圏内にあります。P2についても、負帰還で増幅度を下げ、帯域を伸ばした効果によるもので、90°以内である点は変わりません。

　図5-9-2(2)のP3は、設計で加えたコンデンサCによるものです。30dBラインのP2までの直線と重なる帯域部分は主にCが作る傾斜ですが、P4（かつてP2だった周波数）からはOPアンプ自身の持つ容量の影響が加わり、傾斜が倍になります。90°のずれをもたらす可能性がある要素が２つあるということは、危険域である180°が近くなってきていることも意味するので、これ以上要素を増やさないのが賢明です。幸い、図5-9-2(2)ではP4から後ろは0dB以下の範囲にあるので安全です。

　もし発振しても、簡単には増幅度を下げれば止まるということです。

5-09 反転増幅器

抵抗比が増幅度に

　反転増幅器は、プラス入力端子をグランドに落とすのが特徴です。R1を経由してマイナス入力端子に信号を入れ、出力端子からマイナス入力端子に向けてR2により負帰還をかけます（図5-9-1(1)）。「イマジナリー・ショート」の考えにより、マイナス入力端子も電気的にはグランドと同じレベルにあります。

　そうすると、入力に1Vの電圧を与えたとき、R1（1kΩ）には1mAの電流が流れますが、マイナス入力端子はインピーダンス無限大と仮定しているの

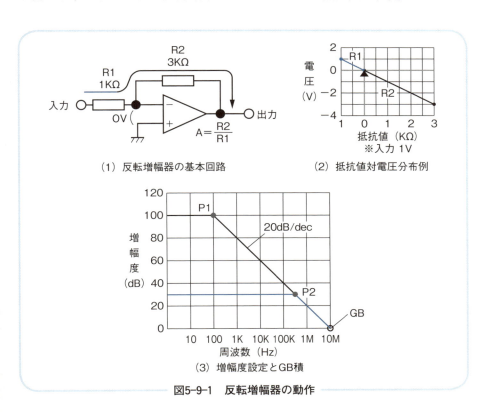

図5-9-1　反転増幅器の動作

で入れません。このため、図5-9-1(1)の青で示している電流はR2（3kΩ）へと向かいます。同じ電流が流れて1kΩに1Vということは、3kΩには3Vの電圧が発生しているわけで、これらがイマジナリー・ショートを境にバランスしている様子は図5-9-1(2)のように描けます。すなわち、増幅度AはR2/R1となります。

利得帯域幅（GB）積

図5-9-1(3)はOPアンプのオープン・ループ（黒線：何も設定していないとき）と、クローズド・ループ（青線：設定ずみのとき）のゲイン（利得）の周波数特性を描いたものです。第4章までの特性図と違うのは、ポール（P）と呼ばれる「遮断周波数」に相当する部分を滑らかに描かず、折れ線にしていることと、傾斜を6[dB/oct]でなく20[dB/dec]と表記していることです。

これらは意図的にそうしているもので、前者はポールの位置を明確にし、後者は同じ傾斜値（周波数2倍で利得2倍＝周波数10倍で利得10倍）で広い帯域をカバーするためです。

図5-9-1(3)からは、裸の特性で100dBの増幅度があるOPアンプでも、10kHzでは60dB、10MHzでは0dBまで下がることがわかります。60dBは1000倍、0dBは1倍ですから、倍数と周波数の積は同じで、20dB/decの傾きはまさにそういうことを表していることがわかります。端的にいえば、利得帯域幅積（GB）は、増幅度が0dB（1倍）になる周波数です。

青は任意のクローズド・ループ例として30dBの場合を示していますが、ゲインが下がると同時に帯域幅が広がり、ポールはP1からP2に移っています。負帰還で、周波数特性が改善されるのと同じです。

高域減衰回路

図5-9-2(1)のように、負帰還ループにコンデンサ（C）を入れると、高域減衰回路ができます。遮断周波数fはCのリアクタンスとR2が等しくなる周波数として求まり、図5-9-2(2)ではP3にポールが移ります。Cがなければ、30dBの線はP2まで伸びていました。

また、P3からの落ち方は、最初は20dB/decですが、P2のあった周波数P4を越えると傾斜がきつく40dB/decになっています。これは、P1からの流れと、Cの影響によるものとの相乗効果です。

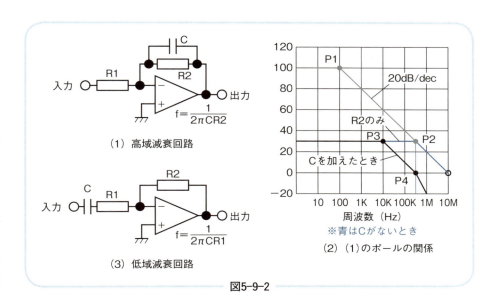

図5-9-2

低域減衰回路

　反転増幅器で、低域減衰回路を作るのは簡単です。マイナス入力端子がグランドに対してイマジナリー・ショートならば、R1は右側がグランドに接続されているとみなし、R1に対してCを直列に接続するだけで低域減衰回路ができます。遮断周波数も両者の値から計算できます。

バンド・パス・フィルタ

　低域減衰回路と高域減衰回路を組み合わせると、バンド・パス・フィルタ（帯域通過用）ができます。具体的には、図5-9-2(1)のR1に、同図(3)のようにCを加えるだけです。

発振の問題

　5-8節末のコラムを参照してください。

5-10 非反転増幅器

入出力同相

　非反転増幅器は、プラス入力端子から入力することで同相の出力を得ます。負帰還ループは反転増幅器と同じ形ですが、R1はグランド行きです（図5-10(1)）。

　反転増幅の場合、R1とR2の電圧関係は、図5-9-1(2)のようにグランド（電圧ゼロ）を支点（▲）にした「テコ」のように、入力対出力は1Vで-3V、2Vならば-6Vという、極性が反対の方向への展開になっていました。

　対して、非反転増幅回路では、図5-10(2)のように、テコの支点（▲）はR1の左端に移ります。R1とR2は1本の棒のように連動し、R1に1VかかるとR2の右端には1+3=4［V］の同極性出力が得られます。入力2Vでは、2+6=8［V］です。抵抗の比率に対して、常に1だけ多い倍数になるのが特徴です。

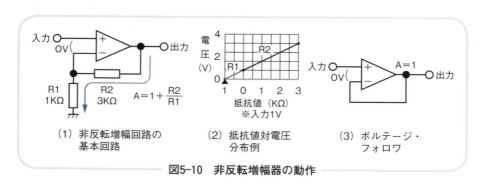

図5-10　非反転増幅器の動作

反転増幅に対して入力インピーダンスが高い

　反転増幅器では、一般にR1は抵抗値が低く、これがそのまま入力インピーダンスとなります。増幅器としては、場合によって使いにくい存在です。これに対して、非反転増幅器はOPアンプの入力インピーダンスがストレートに増幅器としての入力インピーダンスになるので、あまり前段に影響せ

ず、設計が楽です。

ボルテージ・フォロワ

　R1＝無限大、R2＝0に設定した非反転増幅器をボルテージ・フォロワと言います（図5-10(3)）。R2/R1＝0なので、電圧増幅度は1です。エミッタ・フォロワのように、入力端子のインピーダンスが高く、出力インピーダンスが低い特徴を利用します。ボルテージ・フォロワは同相出力なので、後で追加しても位相の問題は起きません。1つのパッケージに複数のOPアンプ・ユニットが収容されている場合、余ったユニットをボルテージ・フォロワに利用できます。

周波数特性を操作する回路の注意点

　非反転増幅器でも、周波数特性を操作することはできます。ただし、増幅度が最低1 （＝0dB）であることに注意が必要です。増幅度がこれより下がらないため、減衰回路の場合、途中で「底を打つ」ことになります。

写真5-10　OPアンプの例

5-11 入力端子の扱い方

バイアス電流

OPアンプの規格表に「バイアス電流」という項目があります。FET入力（接合型のため「J-FET入力」ともいう）は関係ありませんが、バイポーラ入力ではベースが直接電流を要求します。OPアンプなら単体トランジスタのレベルまで考える必要がないはずが、実際は考えなければならないゆえに、前章までの知識が必要になります。ちなみに、バイアス電流が$1\mu A$の場合は、$100k\Omega$で$0.1V$の「落差」が出ます。これが増幅度倍されるのです。

OPアンプ同士ならばOK

しかし、大半の場合は意識せずに設計できます。その場合とは、OPアンプの出力またはグランドをOPアンプの入力に接続するときです。入力端子に十分な電流が供給されるので、バイアス電流の要求は常に満足されます。間に抵抗が入る場合も、非常に高い抵抗値でない限りOKです（図5-11(1)）。

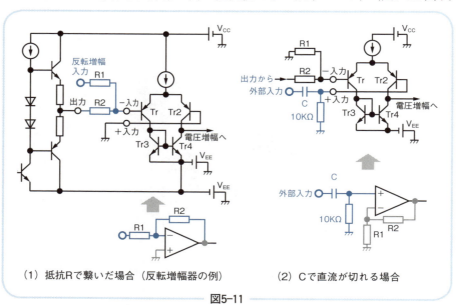

(1) 抵抗Rで繋いだ場合（反転増幅器の例）　　(2) Cで直流が切れる場合

図5-11

バイアスを意識する場合

図5-11(2)のように外部入力を受ける場合などで直流をカットしなければならないとき、「バイアス電流」について考える必要があります。ただし、図のマイナス入力側については、図5-11(1)と同様、OPアンプ同士なので省略できます。

ここでの問題は、プラス入力端子の扱いです。コンデンサCで直流のつながりが切れるので、設計者がバイアス電流の流れ道を作ってやらなければなりません。それも、差動増幅のマイナス入力側の電位がグランドに近いことから、プラス入力側もバランスを崩さない設計をしたいところです。ここでは、プラス入力端子から比較的低い抵抗でグランドに落とすよう対処しています。

たとえばLM741※注のワースト・ケース500nA（＝0.5μA）は、10kΩではグランドから0.0005Vのアップ。増幅度設定がかなり高くなければ問題ないレベルにできます。以下、必要があれば、100kΩだったら0.005V…というように吟味して、増幅度との兼ね合いで抵抗値を決めます。

外部入力に強いJ-FET入力タイプ

FETは入力インピーダンスが無限大だからバイアス抵抗も無限大、というわけにはいきませんが、機械的に1MΩでもOKなので設計が楽です。真空管時代を経験していない技術者の場合は、470kΩにする例も多いようです。

※注：http://www.ti.com/lit/ds/symlink/lm741.pdf より

5-12 低電圧OPアンプ

低い電源電圧向けの需要

OPアンプの普及に伴い、電源電圧±15Vなどという標準的な規格以外に、4V（LM386N-1H※注1など）とか、モバイル用に1V台で動作するものが増えてきました。

LM386Nの例

LM386N（図5-12-1(1)）は単一電源で、出力は自動的に電源電圧 Vs の半分にセンタリングされます。負帰還ループを外付けすることなく、26dB（20倍）のアンプが構成できるよう設計されています（同図(2)）。さらに、GAIN端子（1、8ピン）を交流的にショート（コンデンサで接続）すれば46dB（200倍）まで拡張できます（同図(3)）。7ピンのBYPASS端子は、増幅度を大きく設定した場合など必要があればグランドとの間に電解コンデンサを入れ、リップル・フィルタを構成できます。

図5-12-1(1)の内部回路では、ダーリントン接続の差動増幅回路が特徴的です。負帰還ループを内蔵していますが、接続先がプラス入力の側に見えます。確かに回路のブロックとしてはその位置にありますが、負帰還ループはベースではなくエミッタから注入することで「ひとヒネリ（位相反転）」されていることに注意が必要です。その上で、差動増幅の両側のエミッタに割り込んだ抵抗群の接続次第で増幅度が決められるようデザインされています。

ここで、図5-12-1(2)、(3)のように両差動入力端子は直接間接にグランドに接続し、負帰還ループは出力端子から15kΩ（R2）を経て、差動増幅側で $150 + 1.35$ ［kΩ］ $= 1.5$ ［kΩ］（R1）として受けています。R1にかかる電圧は差動増幅回路の両側で増幅され、カレント・ミラーで転送・統合されるので、あたかもR1の抵抗値は実際の半分であるかのように働きます。1、8ピン解放では15［kΩ］/0.75［kΩ］$= 20$［倍］、同ショート（コンデンサ使用）では15［kΩ］/0.075［kΩ］$= 200$［倍］となるほか、同ピン間にコンデンサ

※注：http://www.ti.com/lit/ds/symlink/lm386.pdf より

を介して1.2kΩを入れると50倍に設定できます。

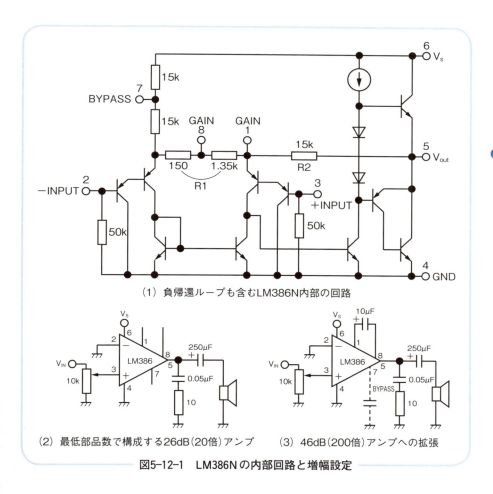

図5-12-1　LM386Nの内部回路と増幅設定

● 仮想グランド ●

　LM386Nのように初めから単一電源向けに設計されたOPアンプはよいのですが、そうでない品種の場合、単一電源で駆動するには「仮想グランド」といった補助回路が必要になります。

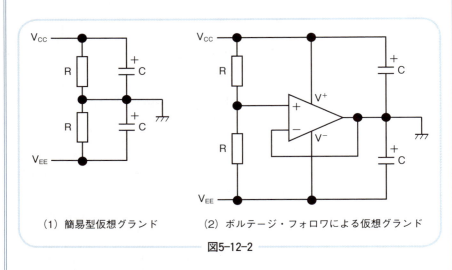

(1) 簡易型仮想グランド　　(2) ボルテージ・フォロワによる仮想グランド

図5-12-2

　簡単には図5-12-2(1)のように抵抗で半分ずつに分圧する方法がありますが、Rの値が大きいと電流の変動により、電圧が安定しません。逆に小さいと、電力消費の無駄が多くなります。

　図5-12-2(2)のようにボルテージ・フォロワを利用すると増幅効果で安定しますが、念のため、動作時の電流をカバーできるかどうかを確認する必要があります。専用ICとして、TLE2426（レールスプリッタ・高精度仮想GND）[注2]なども市販されています。

　スピーカーを負荷にするときなどは仮想グランドのパワーが不足することがありますが、その場合「補助回路」を大がかりに設計するのは賢明とは言えません。むしろ全体の設計を見直し、本体側に労力を注ぐのが先でしょう。

※注2：http://www.tij.co.jp/product/jp/TLE2426 より

Appendix

Appendix 1　JIS電気用図記号の新旧対照表

分類	名称	新規号	旧気号の例
電気エネルギーの発生および変換			
変圧器	2巻線変圧器（単相）	様式1（単線図用）　様式2（複線図用）	（単線図用）　（複線図用） （単線図用）　（複線図用）
電池	1次電池または2次電池		（紛らわしい場合） （3個連結の場合） （多数連結の場合）
開閉装置、制御装置および保護装置			
接点	メーク接点 （この図記号は、スイッチを表す一般図記号として使用してもよい）		
	ブレーク接点		
保護装置	ヒューズ		（開放形）　（包装形）

分類	名称	新規号	旧気号の例
基礎受動部品（抵抗器、コンデンサ、インダクタ）			
抵抗器	抵抗器		
	可変抵抗器		
	しゅう（摺）動接点付抵抗器		
コンデンサ	コンデンサ		
	可変コンデンサ		
	有極性コンデンサ（電解コンデンサ）		電解コンデンサ
インダクタ	コイル、巻線、インダクタ、チョーク		
	磁心入インダクタ		
半導体および電子管			
ダイオード	半導体ダイオード		混乱のおそれがないときは円を省いてもよい（以下同）
	発光ダイオード （特定の照射体が示されないときは、矢先を右上へ向けること）		
	フォトダイオード （特定の光源が示されないときは、矢先を右下へ向けること）		

※注：本表は原資料http://www.jikkyo.co.jp/download/detail/71/9992655060（実教出版）から関係分を抜粋したものです。

Appendix 2　本書で使用した トランジスタの記号

構造上の種類	極性別種類	
バイポーラ	NPN型	PNP型
接合型FET	Nチャンネル型	Pチャンネル型
MOS形FET デプレッションタイプ	Nチャンネル型	Pチャンネル型
MOS形FET エンハンスメントタイプ	Nチャンネル型	Pチャンネル型

214

Appendix 3 抵抗器の系列表

系列	E3	E6	E12	E24	E48		E96			
誤差（％）	40	20	10	5	2		1			
抵抗値 （仮数部）	10	10	10	10	100	105	100	102	105	107
				11	110	115	110	113	115	118
			12	12	121	127	121	124	127	130
				13	133	140	133	137	140	143
		15	15	15	147	154	147	150	154	158
				16	162	169	162	165	169	174
			18	18	178	187	178	182	187	191
				20	196	205	196	200	205	210
	22	22	22	22	215	226	215	221	226	232
				24	237	249	237	243	249	255
			27	27	261	274	261	267	274	280
				30	287	301	287	294	301	309
		33	33	33	316	332	316	324	332	340
				36	348	365	348	357	365	374
			39	39	383	402	383	392	402	412
				43	422	442	422	432	442	453
	47	47	47	47	464	487	464	475	487	499
				51	511	536	511	523	536	549
			56	56	562	590	562	576	590	604
				62	619	649	619	634	649	665
		68	68	68	681	715	681	698	715	732
				75	750	787	750	768	787	806
			82	82	825	866	825	845	866	887
				91	909	953	909	931	953	976

Appendix 4 抵抗器のカラー・コードとコンデンサの表記ルール

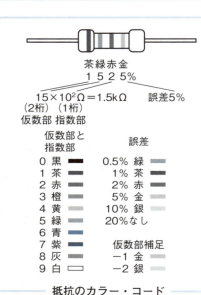

抵抗のカラー・コード

1H473J

指数部 仮数部 仮数部 指数部 精度
耐圧   容量
50V   0.047μF ±5%

※容量値はPF（ピコ・ファラッド）で定義する
※1μF＝1,000,000PF
※473は47000PF＝0.047μF

①表示例

記号	耐圧[V]
A	1.00
B	1.25
C	1.60
D	2.00
E	2.50
F	3.15
G	4.00
H	5.00
J	6.30
K	8.00
V	3.50
W	4.50

②耐圧仮数部

記号	許容誤差
C	±0.25[pF]
D	±0.50[pF]
E	±2.00[pF]
F	±1.00[pF]
G	—
J	±5%
K	±10%
M	±20%
P	+100、−0%
Z	+80、−20%

③精度

コンデンサの表記ルール

Appendix 5 — 倍数対電圧デシベル対照表（抜粋）

倍数	dB
100000	100
10000	80
1000	60
100	40
10	20
4	12
2	6
1.4	3
1	0
0.7	−3
0.5	−6
0.1	−20
0.01	−40

倍数	dB
1	0.0
2	6.0
3	9.5
4	12.0
5	14.0
6	15.6
7	16.9
8	18.1
9	19.1
10	20.0

倍数	dB
1.0	0.0
1.1	0.8
1.2	1.6
1.3	2.3
1.4	2.9
1.5	3.5
1.6	4.1
1.7	4.6
1.8	5.1
1.9	5.6
2.0	6.0

dB	倍数
0	1.0
1	1.1
2	1.3
3	1.4
4	1.6
5	1.8
6	2.0
7	2.2
8	2.5
9	2.8
10	3.2
11	3.5
12	4.0
13	4.5
14	5.0
15	5.6
16	6.3
17	7.1
18	7.9
19	8.9
20	10.0

索　引

数字

1/4ワット型	29
2SC1815	117
2ゲート	111
2電源	154
3C-2V	135
3属	77
4属元素	76
5属	77

記号・単位

μ	117, 132

A

AB級	150, 154, 176
AC点灯	104
AM	90
Aカーブ	165
A級	89, 150, 154, 175, 176
A級プッシュ・プル	176

B

B/B比	127, 128
B級	89, 149, 150, 175

C

C-MOS	113
CMRR	158
CT	175

E

E12系列	29, 102
E24系列	29, 102
exp	87
exp( )関数	87

F

FET	110, 116, 117, 124, 130, 132, 140, 144, 182, 183, 189
FET入力	206
FM変調回路	96
f_T	114

G

GAIN端子	208
gm	132

H

hfe	117, 118, 133, 134, 137, 139, 145, 146, 149, 154, 155
hFE	152
hie	117, 118, 133, 134, 139, 144, 159
hIE	152
hoe	119, 134, 190
hre	118, 134
h定数	117, 118, 133

I

I_Bユニット	128
IEC 60617	10

J

J-FET入力	207
JIS C 0617	10

L

LED	101, 167
LEDの寿命	100
LM386N	208

M

MOS型	131, 141

MOS型FET	112, 192

N

N-MOS	113
NP	37
NPN	147, 148, 156
NPN型	109
N型半導体	77, 78

O

OPアンプ	188
OSPW5111A	103
OSWWD25112A	103
OTL	174

P

PB-40S	167
P-MOS	113
PNP	147, 148, 156
PNP型	108
PN接合	78, 80, 95
PN接合ダイオード	93, 97
P型半導体	77, 78
Pチャンネル	113
Pチャンネル型	111

R

rd	132

S

SEPP	148, 150, 154, 155, 177, 188
SEPP-OTL	174
Slew Rate	197
ST-21	174
ST-32	174
ST-42	176

T

TIM歪 …………………………… 197
TLE2426 ………………………… 210

あ

アイドル電流 ………………… 176
青色LED ……………………… 102
青色発光ダイオード
　　　…………………………… 99, 100
アドミッタンス ……………… 71
アノード ……………………… 79
アルミ ………………………… 172
アルミ電解コンデンサ …… 37
アンテナ ……………………… 91

い

位相 …… 38, 62, 66, 117, 141,
　　　　　　　　　　177, 178
位相差 ………………… 39, 41, 66
位相ずれ ……………………… 162
位相反転 ……………………… 208
位相反転回路 ………………… 175
イマジナリー・ショート
　　　…………… 189, 201, 203
インジウム …………………… 77
インダクタンス ……………… 62
インターホン ………………… 195
インバーテッド・ダーリントン
　　　接続 …………… 147, 148
インピーダンス …… 41, 42, 68,
　　　　　　　70, 72, 118, 169
インピーダンス・マッチング
　　　…………………………… 73

う

ウィルソン・カレント・ミラー
　　　…………………………… 192

え

エミッタ ……… 108, 117, 124,
　　126, 138, 140, 153, 158, 163,
　　169, 178, 180, 192, 208

エミッタ・フォロア
　　　………………… 136, 194, 205
エミッタ接続 ………………… 190
エミッタ接地
　　　…… 118, 133, 139, 144, 194
エミッタ電流 ………………… 147
エンパイア・チューブ …… 32
エンハンスト・タイプ … 113

お

オーディオ・アンプ …… 168
オーディオ入力 ……………… 115
オクターブ ……………… 44, 47
オシロスコープ ……………… 156
オフセット …………………… 196
オームの法則 ………… 16, 21
音声信号 ……………………… 43
温度差 ………………………… 171
温度センサー ………………… 153
温度補償 ……………………… 164

か

開放電圧 ……………………… 21
仮数部 ………………… 29, 31, 57
カスコード接続 ……………… 143
架線 …………………………… 35
仮想グランド ………………… 210
カソード ……………… 79, 94, 110
傾き …………………………… 134
加熱 …………………………… 32
可変抵抗器 …………………… 180
可変容量ダイオード ……… 96
カラー・コード ……………… 31
カレント・ミラー
　　　…… 152, 154, 159, 160, 164,
　　175, 188, 190, 191, 194, 208
簡易等価回路 ………… 120, 134
緩衝増幅器 …………………… 137

き

決め …………………………… 155
逆位相 ………………………… 175
逆相 …………………………… 158

逆方向 …………… 93, 103, 108
逆方向接続 …………………… 79
逆方向耐圧 …………………… 102
逆方向特性 …………………… 95
キャリア ……………………… 90
共振周波数 …………… 66, 68, 71
虚数 …………………………… 42
虚数部 ………………………… 42
キルヒホッフの第1法則 … 17
キルヒホッフの第2法則 … 17
キルヒホッフの法則 ……… 17
金属ケース …………………… 173
金属酸化膜 …………………… 113

く

空気 …………………………… 171
空中 …………………………… 172
空乏層 …… 79, 80, 96, 97, 99,
　　　　　　　108, 110, 141
グラフィック・イコライザー
　　　…………………………… 68
グランド
　　　…… 15, 118, 133, 136, 139
クリスタル・イヤーホン … 91
グリッド ……………………… 110
クローズド・ループ …… 202
クロス・オーバー …………… 151

け

蛍光 …………………………… 99
ゲイン ………………………… 202
ケース ………………………… 171
ゲート …… 110, 112, 113, 117,
　　　　130, 140, 144, 192
ゲート接地 …………………… 141
ゲルマニウム ………………… 76
ゲルマニウム・ダイオード
　　　………………………… 79, 91
ゲルマニウム・トランジスタ
　　　…………………………… 109
減衰 …………………………… 116
減衰量 ………………………… 56

219

こ

コアー 91
コイル 61,62,64,66,70,91
高圧 35
高域減衰回路 47,49,52,54,65,89,181,194,200,202
高域増強 55
高輝度LED 103
高周波 91
高周波電流 90
合成抵抗 22
広帯域化 162
交流電源 14
交流電流 38
交流負荷線 122
固定バイアス 125
弧度法 28,38
コレクタ 108,118,122,125,138,139,140,169,192
コレクタ接地 136,145,149,178,180,191,194,195
コレクタ損失 171
コレクタ電圧 122
コレクタ電流 117,118,122,124
コンセント 91
コンダクタンス 23,71
コンデンサ 32,34,40,43,57,59,64,66,70,81,88,95,96,113,118,120,135,144,154,169,178,194,198,202
コンデンサ・マイク 182
コンプリメンタリ 148
コンプリメンタリSEPP 149
コンプリメンタリ・ダーリントン 148

さ

最大コレクタ損失 123
最大コレクタ電圧 123
最大コレクタ電流 123
最大出力 151
最大値 28
サージ電流 105
サセプタンス 71
差動出力 161
差動増幅 157,161,194
差動増幅回路 188
サブストレート 113
三角波 197,198
酸化被膜 37

し

磁界 61,62
自己バイアス 125,126,131,160,178
指数部 29,31,57
自然対数の底 87
自然放熱 171
室温 171
実効値 27,28,39,88,151
実数部 42
時定数 86,87,104,198
遮断周波数 44,49,51,52,53,54,56,59,60,162
シャフト 35
周囲温度 170
充電 85
自由電子 77,95,99
充電電圧 84
充電電流 35
周波数 28,40
周波数特性 47,162,197
充放電 198
充放電電流 154
出力アドミッタンス 119
出力インピーダンス 115,119,137,141,144,146,189,190,205
出力電圧 117
出力電力 116
出力用 175
瞬時値 27,28,37,39,40
順方向 79,103

順方向接続 78,97

順方向接続 78,97
順方向電圧 102
小信号定数 134
常用対数 44
ショットキ・バリア・ダイオード 80,88
ショート 32,35
ショート保護回路 193
ショート・リンク 167
シリコン 76,109
シリコン・グリース 32,154,172,173
シリコン・ダイオード 79,102
シリコン・トランジスタ 171
磁力線 61
シールド線 135
シングル・エンド 148
シンクロスコープ 184
信号源 49,51
信号源インピーダンス 59,60,74,137,142
真性半導体 77
振幅変調 90

す

推奨電源電圧 196
スイッチ 35,89
スイッチング・レギュレータ 80
ステレオ・ジャック 182
ステレオ・プラグ 183
スーパー・ヘテロダイン 111
スピーカー 122,146,154,169,195
スルー・レート 197,19,200

せ

正帰還 177,200
正弦波 27,197,198

正孔 …………… 77, 79, 95, 99
正相 ……………………… 158
静電気 …………………… 35
正方向電圧 ……………… 99
整流回路 ………………… 91
整流ダイオード ………… 85
絶縁 ……………………… 141
絶縁体 ……… 32, 76, 93, 96,
　　　　　　　　　 97, 113
絶縁ワッシャー ………… 32
接合型 …………………… 141
接合型FET …… 112, 160, 193
接合部 …………… 96, 171
接合部温度 …… 109, 170, 171
接地 ……………… 133, 134
ゼナー・ダイオード
　……………… 93, 94, 160, 179
ゼナー電圧 ……………… 180
セメント抵抗 …………… 29
セラミック・コンデンサ … 57
ゼロ・バランス調整
　………………… 156, 165
センター ………………… 155
センター・タップ ……… 175
センタリング …………… 208
全波整流 ………… 81, 82, 85

そ

双曲線 …………………… 71
相互コンダクタンス …… 132
相似 ……………………… 185
増幅 ……………………… 116
増幅作用 ………………… 108
増幅度 …………………… 120
相補対称 ……… 148, 158, 164
測定器 …………… 120, 184
ソース …… 110, 113, 131, 140
ソース接地 ……………… 141
ソース・フォロア ……… 141

た

耐圧 ……………… 36, 57, 93
帯域制限 ………………… 169

ダイオード ……… 88, 99, 153
大気 ……………………… 171
台形 ……………………… 198
帯電 ……………………… 113
ダイヤモンド …………… 76
太陽電池 ………………… 97
多段アンプ ……………… 161
多段増幅器 ……………… 120
立ち上がり ……… 198, 199
立ち下がり ……………… 199
ダーリントン回路 ……… 166
ダーリントン接続 ……… 145,
　　　147, 149, 180, 195, 208
単一電源 ………………… 154
端子 ……………………… 14
端子開放 ………………… 24
端子開放電圧 …………… 22
端子ショート …………… 24
タンタル・コンデンサ … 37

ち

チャンネル ……… 110, 113
中性点 …………………… 157
チューニング …………… 96
直線性 …………………… 192
直流 ……………………… 35
直流ゼロ ………………… 196
直流抵抗 ………………… 122
直流定電圧源 …………… 13
直流電流 ………………… 13
直流電流増幅率 ………… 120
直流入力抵抗 …………… 134
直流バランス …………… 196
直流負荷 ………………… 122
直列 ……………………… 19
直列共振周波数 ………… 68
直角三角形 ……………… 41
直角二等辺三角形 ……… 44
直結 ……………………… 123

て

低域減衰回路
　……… 44, 47, 49, 55, 56, 203

低域遮断回路 ……… 51, 53, 54
抵抗器 ……… 31, 101, 170, 179
抵抗計 …………… 79, 120
抵抗結合 ………………… 122
抵抗比 …………………… 161
定常状態 ………………… 35
定電圧回路 ……… 94, 179
定電圧源 ………………… 18
定電圧電源 ……………… 93
定電流回路 …… 159, 188, 193
定電流源 ………………… 23
定電流ダイオード … 159, 160
底面積 …………………… 36
デジタル・カメラ ……… 98
デシベル …………… 44, 45
テスター ………………… 79
テブナンの定理
　………… 21, 52, 126, 132
デプレッション・タイプ
　………………… 113, 131
テフロン・シート …… 32, 173
デューティ ……………… 105
電圧 ……………………… 15
電圧帰還 ………………… 178
電圧帰還率 ……………… 118
電圧計 …………… 119, 120
電圧源 …………… 118, 137
電圧増幅 ………… 161, 195
電圧増幅回路 …… 155, 188
電圧増幅度 …… 117, 132, 141,
　　　142, 144, 146, 17, 205
電圧デシベル …………… 45
電位 ……………………… 15
電位差 …………… 15, 171
電界 ……………………… 34
電解（ケミカル）コンデンサ
　………………………… 32
電界効果トランジスタ … 110
電解コンデンサ … 37, 57, 181
電気量 …………… 36, 38
電気力線 ………………… 34
電源 ……………… 13, 18, 23
電源電圧 ………………… 151

221

電子 …………………… 79
電磁石 ………………… 61
電磁波 ………………… 97
点接触型 ……………… 80
点接触型ダイオード …… 108
電灯線アンテナ ………… 91
テン・ナイン …………… 76
電波 …………………… 90
電流帰還 …………… 178,192
電流帰還バイアス
　…………… 126,153,163,178
電流計 …………… 118,120
電流源 ……… 24,118,135,198
電流源モデル …………… 23
電流制限コンデンサ
　………………… 103,104
電流制限抵抗 ……… 99,102
電流増幅回路 ………… 155
電流増幅器 …………… 110
電流増幅度
　………… 141,142,144,145
電流増幅率 …… 117,118,145
電力 ………… 25,29,84,170
電力デシベル …………… 45

と
等価 …………………… 21
等価回路 ……………… 118
等価トランジスタ ……… 147
動作点 ………… 122,124,150
同軸ケーブル …………… 135
同相 …………………… 204
同相出力 ……………… 205
導体 ……………… 34,76,96
度数法 ……………… 28,38
ドライバー用 …………… 175
トランジェント・インターモジュ
　レーション・ディストーション
　……………………… 197
トランジション周波数 … 114
トランジスタ …………… 122
トランジスタ・アンプ … 198

トランス ……… 85,116,122,
　　　　　　　　　　167,174
トリマー・リアクタンス
　……………………… 185
ドレイン ……… 110,113,130,
　　　　　　　　140,144,192
ドレイン接地 …………… 141
ドレイン抵抗 …………… 132
ドレイン抵抗rd ………… 117

な
内部抵抗 …… 18,22,23,24,51,
　　　　　　118,120,122,137
ナノ …………………… 58

に
ニー電圧 ……………… 123
入出力インピーダンス …… 147
入力インピーダンス
　…………… 115,137,141,144,
　　　　　　145,178,189,204
入力抵抗 …………… 117,118
入力電圧 ……………… 117
入力電力 ……………… 116

ね
熱収縮チューブ ………… 32
熱抵抗 ………… 171,172,173
ネオン管 ……………… 167

の
ノイズ ………………… 158
ノートンの定理 …… 24,132
ノンポーラ …………… 37

は
バー・アンテナ ………… 91
バイアス … 124,149,164,175
バイアス・コンデンサ … 178
バイアス電流 ……… 206,207
倍数 ……………… 44,45
倍電圧整流回路 ………… 83
配電系統 ……………… 35

バイパス ……………… 131
バイパス・コンデンサ … 126
バイパス・フィルター …… 44
ハイブリッド …………… 118
バイポーラ ……… 108,130,140
バイポーラ・トランジスタ
　…… 110,112,114,116,117,
　　　118,124,160,191,193
バイポーラ入力 ………… 206
パイロット・ランプ 102,167
白色LED ……………… 102
発光ダイオード ………… 99
発振 ………… 177,194,200
発振回路 ……………… 96
発振器 ………………… 185
ハム音 ………………… 167
ハム・プルーフ・ベルト
　……………………… 167
バリアブル・コンデンサ … 91
バリコン …………… 91,96
バリスタ・ダイオード … 175
パルス電流 …………… 105
パルス幅 ……………… 105
パワー・トランジスタ … 32
パンク ………………… 36
半固定抵抗器 ………… 196
搬送波 ………………… 90
反転 …………………… 141
反転増幅器 …… 201,203,204
半導体 ……………… 76,114
バンド・パス・フィルタ
　……………………… 203
半波整流回路 …………… 81

ひ
光センサ ……………… 98
ピーキング回路 ………… 68
ピコ …………………… 57
ひずみ ………………… 135
被測定回路 …………… 184
非対応 ………………… 155
ヒートシンク …………… 172
火花 …………………… 35

非反転増幅器 …………… 204
ヒューズ ………………… 88
標準電圧 ………………… 94
ピンチオフ電圧 ………… 113

ふ

フィン …………………… 172
フェーザ …… 41,42,44,65,70
フォト・エッチング …… 188
フォト・ダイオード …… 98
負荷 ……… 13,18,23,49,60,
　　　　84,85,115,117,
　　　　122,137,141,145
負荷インピーダンス …… 60,74
負荷線 ………… 124,130,150
負荷抵抗 ……… 51,117,183
負帰還 ……… 125,161,177,200
負帰還ループ ……… 204,208
複素数表示 ………… 42,66
復調 …………………… 90
不純物 ……………… 77,93
プッシュ・プル
　………… 148,150,174
浮遊容量 ……… 35,139,144,
　　　　177,185
プラグイン・パワー …… 182
ブラック・ボックス …… 189
プリ・アンプ ……… 155,181
ブリーダー抵抗
　………… 126,128,131,181
ブリッジ整流回路 …… 82,85
プリント基板 ………… 188
プル・アップ ………… 183
プレート ……………… 110
プローブ ……………… 184
分圧 …………………… 22
分圧回路 ……………… 180
分圧比 ………………… 162

へ

平均値 ………………… 28
並列 …………………… 19
並列共振回路 ……… 91,96
並列抵抗 ……………… 20
ベース …… 108,112,117,118,
　124,126,139,140,158,169,
　　　　180,191,194,195
ベース接地 ………… 138,144
ベース電流
　………… 117,118,124,193
変調 …………………… 90
ヘンリー ……………… 61

ほ

方形波 ………… 185,197,198
放電 ………… 35,85,86
放電カーブ ……………… 87
放熱 …………………… 171
放熱器 ………………… 172
保護回路 ……… 156,164,180
補助単位 ……………… 20
ボビン ………………… 91
ボリューム・コントロール
　………………… 165
ホール ……………… 77,202
ボルテージ・フォロア
　………… 205,210

ま

マイクロ ……………… 57
マイラー ……………… 32
マイラー・コンデンサ
　………… 37,57,181
マッティ・オタラ氏 197,198

み

ミキシング ……………… 111
ミュージック・パワー …… 151

む

無極性 ………………… 37
無限大 ……………… 40,115
無限大負荷 ……… 190,198
無ひずみ最大出力 ……… 151

め

メイン・アンプ ………… 155

も

モノラル・プラグ ……… 183
もれ電流 ……… 124,126,153

ゆ

誘電体 ………………… 32,37
誘導性リアクタンス ……… 62

よ

容積 ………………… 36,57,96

ら

ラジアン ……………… 28,38
ラジエータ
　………… 32,125,171,172

り

リアクタンス
　………… 39,40,64,66,185
リップル ……… 81,86,89
リップル・フィルタ
　………… 88,89,181,208
利得 …………………… 116
利得帯域幅 ……………… 202
利得帯域幅積 …………… 202

れ

レールスプリッタ ……… 210

わ

ワット数 ……… 25,29,173

223

■著者紹介

千葉 憲昭（ちば のりあき）

1969年	福岡工業大学工学部電子工学科卒
同年	北海道総務部電子計算課技師
1984年より	エレクトロニクス分野の著述家として独立、現在に至る
1997年	北海道大学工学部非常勤講師兼任（14年間）

[主な著書]

1990年	「H8活用全科」技術評論社
1994年	「改訂3版FMTOWNSテクニカルデータブック」アスキー出版局
2008年	「続・オーディオ常識のウソ・マコト」講談社ブルーバックス

ほか多数

読める描ける電子回路入門

2017年9月22日　初版　第1刷発行

●装丁	中村友和（ROVARIS）
●組版＆トレース	美研プリンティング株式会社
●編集	谷戸伸好

著　者	千葉　憲昭
発行者	片岡　巌
発行所	株式会社 技術評論社
	東京都新宿区市谷左内町21-13
	電話　03-3513-6150　販売促進部
	03-3267-2270　書籍編集部
印刷／製本	昭和情報プロセス株式会社

定価はカバーに表示してあります。

本書の一部または全部を著作権法の定める範囲を超え、無断
で複写、複製、転載、テープ化、ファイル化することを禁じます。

造本には細心の注意を払っておりますが、万一、乱丁（ペー
ジの乱れ）や落丁（ページの抜け）がございましたら、
小社販売促進部までお送りください。送料小社負担にて
お取り替えいたします。

©2017　千葉憲昭
ISBN978-4-7741-9214-7　C3055
Printed in Japan

■お願い

　本書に関するご質問については、本書に記載さ
れている内容に関するもののみとさせていただき
ます。本書の内容と関係のないご質問につきまし
ては、一切お答えできませんので、あらかじめご
了承ください。また、電話でのご質問は受け付け
ておりませんので、FAXか書面にて下記までお
送りください。

　なお、ご質問の際には、書名と該当ページ、返
信先を明記してくださいますよう、お願いいたし
ます。

　宛先：〒162-0846
　　　東京都新宿区市谷左内町21-13
　　　株式会社技術評論社　書籍編集部
　　　「読める描ける電子回路入門」質問係
　　　FAX：03-3267-2271

ご質問の際に記載いただいた個人情報は質問の
返答以外の目的には使用いたしません。また、質
問の返答後は速やかに削除させていただきます。